新世纪电工电子实践系列规划教材

电子技术基础实验教程

主　编　刘丽君　王晓燕
副主编　丁启胜　李桂林
主　审　刘海宽

东 南 大 学 出 版 社
·南 京·

内 容 提 要

本书内容包括电子技术实验基础知识篇、模拟电子技术实验篇和数字电子技术实验篇等。实验基础知识篇主要介绍电子技术实验中涉及到的基本测量方法、实验数据的测量误差分析和常用电子元器件的性能及其检测方法等。模拟电子技术实验篇和数字电子技术实验篇主要介绍了电子技术的各种实验，包括验证性实验、综合性实验和设计性实验等多种类型。附录中提供了常用集成芯片外部引线排列、常用电子实验仪器和综合实验台的使用方法等。

书中的实验经过多年的实验教学提炼而成，内容由浅入深，可作为高等学校电类和非电类学生的实验教材，也可作为工程技术人员的参考资料。

图书在版编目(CIP)数据

电子技术基础实验教程 / 刘丽君，王晓燕主编. —南京：
东南大学出版社，2008.10
(新世纪电工电子实践系列规划教材)
ISBN 978 - 7 - 5641 - 1404 - 6

Ⅰ. 电… Ⅱ. ① 刘…② 王… Ⅲ. 电工技术－实验－高等

学校－教材 Ⅳ. TN - 33

中国版本图书馆 CIP 数据核字(2008)第 154067 号

电子技术基础实验教程

出 版 发 行	东南大学出版社	
出 版 人	江 汉	
社 址	南京市四牌楼 2 号	
邮 编	210096	

经 销	江苏省新华书店	
印 刷	南京京新印刷厂	
开 本	787 mm×1092 mm 1/16	
印 张	10.5	
字 数	262 千字	
版 次	2008 年 10 月第 1 版	
印 次	2008 年 10 月第 1 次印刷	
书 号	ISBN 978 - 7 - 5641 - 1404 - 6/TN · 19	
印 数	1—4000	
定 价	20.00 元	

前　言

　　"模拟电子技术"、"数字电子技术基础"是电气、电子类专业的主要专业基础课之一,是实践性很强的课程。为了使学生在学习电子技术基本理论的同时培养实践操作技能,特编写本书,以帮助同学在实践中进一步理解书本知识,提高分析问题、解决问题以及实践应用的能力,为学习其他专业课程和毕业后从事电子工程、电气工程、自动化以及计算机应用技术方面的工作打下必要的基础。

　　本书分为电子技术实验基础知识篇、模拟电子技术实验篇、数字电子技术实验篇和附录。其中电子技术实验基础知识篇主要介绍了电子基本测量方法及误差分析、常见电子器件的识别及检测;模拟电子技术实验篇编入了 15 个实验,数字电子技术实验篇编入了 14 个实验。实验内容有基本验证性实验、设计性实验还有计算机辅助设计实验。利用设计软件(Multisim 9)进行电子线路的辅助设计,可以让学生体会到新的设计软件将成为电路设计中不可缺少的工具。

　　本书第 1 篇和第 2 篇由王晓燕老师编写,第三篇实验 1～4 由刘丽君老师编写、实验 5～8 由李桂林老师编写、实验 9～14 由丁启胜老师编写。在实验教材的编写过程中,得到了徐州师范大学电气工程学院领导的关心和支持以及电工电子教研室老师的大力支持和帮助,在此表示感谢!

　　由于编者水平有限,错漏之处在所难免,恳请专家与读者不吝指正。

编　者
2008 年 6 月

目　　录

第 1 篇　电子技术实验基础知识

第2篇　模拟电子技术实验

第3篇　数字电子技术实验

附 录

第1篇　电子技术实验基础知识

1　基本测量方法

1.1　电子测量的基本要求

电子测量是以电子技术理论为依据、以电子测量仪器为工具测量各种电量参数,包括元器件和电路参数的测量、信号特性的测量、功率的测量等等。要求尽可能做到直接、快捷、方便、测量误差小。

电子电路中需要进行测量的电参数很多,主要有电压、电流、周期、频率和相位等。

1) 电压的测量

电子电路中的电压与电工电路中电压的特点有所区别,具体有以下几方面:

(1) 频率范围宽

电子电路中电压的频率可以从直流到几百兆赫兹,甚至更高的频率范围内变化。这是一般电工仪表所不能测量的。

(2) 电压波形丰富

电子电路中电压信号的波形丰富,有直流、正弦波、三角波、方波、锯齿波、尖峰脉冲等多种波形。而一般电工电压表是以正弦波有效值的大小来标定刻度的,因此,若用此类仪表进行非正弦波电压的测量,必然误差较大。

(3) 电路阻抗高

电子电路通常为高阻抗电路,因此为减小测量仪表对测量结果的影响,就要求测量仪表的内阻要高。此外,对于高频电路,还要求测量仪表的等效输入电容要小。

(4) 电压幅度宽

电子电路电压幅值范围较宽,小至几微伏,大至几百伏、上千伏。测量时需要匹配合适量程的仪表。

对于电压的测量可采用直接测量法,即用数字式电压表测直流电压或交流毫伏表测交流电压的有效值;也可借助示波器进行间接测量。

2) 电流的测量

可采用电流表直接测量,也可采用取样电阻间接测量法:即在被测支路中串入一适当阻值的取样电阻,通过测量其上压降,间接计算得到电流值。

3) 周期、频率、相位的测量

需借助于示波器进行间接测量。

1.2　电子测量的分类

电子测量的方法很多,类型划分方式也较多。按照测量数据获取的方式可分为以下三类:

1) 直接测量法

直接测量法是指在测量过程中,能直接从测量仪器、仪表上读出被测参量。例如:用电压表测量电路工作电压;用万用表测量电阻阻值。

2) 间接测量法

首先是对各间接参量进行直接测量,然后将测得的数据代入相关函数式,计算出目标参量。例如:测量电阻所耗功率 P,则可以先通过直接测量法测得电阻的阻值 R 及其电压降 U,然后利用公式 $P = \dfrac{U^2}{R}$ 计算出 P 值。

3) 组合测量法

这是一种兼用直接测量和间接测量的方法,将被测量和另外几个量组成联立方程,通过求解联立方程得出被测量的大小。此种方法用计算机求解比较方便。

按照被测量性质对测量方法进行分类,可分为:频域测量、时域测量、数据域测量、噪声测量等。

选择测量方法的原则:应首先研究被测量本身的特性及所需要的精确程度、环境条件及所有的测量设备等因素,综合考虑后,再确定采用哪种测量方法和选择哪些测量设备。

1.3　基本测量仪器

电子测量仪器按其功能,基本可分为下列几类。

1) 用于电量测量的仪器

指用于测量电流、电压、电功率、电荷强度等的仪器。如:电流表、电压表、毫伏表、功率表、电能表、电荷统计计、万用表等。

2) 用于元件参数测量的仪器

指用于测量电阻、电感、电容、阻抗、品质因素、损耗角、电子器件参数等的仪器。如:微欧表、阻抗表、电容表、LCR 测试仪、Q 表、晶体管式集成电路测试仪、图示仪等。

3) 用于仪表波形测量的仪器

指用于测量频率、周期、相位、失真度、调幅、调频、谐波等的仪器。如:频率计、石英钟、相位计、波长计、各类示波器、失真分析仪、音频分析仪、谐波分析仪、频谱分析仪等。

4) 用于电子产品、电子设备及模拟电路和数字电路性能测试的仪器

指用于测量产品或设备的漏电流特性、耐压特性、频率特性、增益、增减量、灵敏度、噪声系数、相位特性、电磁干扰特性等的仪器。如:漏电流测试仪、耐压测试仪、扫频仪、噪声系数测试仪、网络分析仪、逻辑分析仪、相位特性测试仪、EMC 测试仪等。

2 测量误差

2.1 测量误差的基本知识

在科学实验与生产实践的过程中,为了获取表征被研究对象的特征的定量信息,必须准确地进行测量。在测量过程中,由于各种原因,测量结果和待测量的客观真值之间总存在一定差别,即测量误差。因此,分析误差产生的原因,采取措施减少误差,使测量结果更加准确,是实验人员及科技工作者必须了解和掌握的。

测量误差按其性质可以分为系统误差、随机误差和粗大误差。

1) 系统误差

在同一测量条件下,多次重复测量同一量时,测量误差的绝对值和符号都保持不变,或在测量条件改变时按一定规律变化的误差,称为系统误差。

系统误差是由固定不变的或按确定规律变化的因素造成的,这些因素主要有:

(1) 测量仪器方面的因素:仪器结构设计原理的缺点;仪器零件制造偏差和安装不正确;电路的原理误差和电子元器件性能不稳定等。如把运算放大器当作理想运放时,被忽略的输入阻抗、输出阻抗等引起的误差。

(2) 环境方面的因素:测量时的实际环境条件(温度、湿度、大气压、电磁场等)与标准环境条件的偏差。如测量过程中温度、湿度等按一定规律变化引起的误差。

(3) 测量方法的因素:采用近似的测量方法或近似的计算公式等引起的误差。

(4) 测量人员方面的因素:由于测量人员的个人特点,在刻度上估计读数时,习惯偏于某一方向;动态测量时,记录快速变化信号有滞后的倾向。

系统误差(ε)的定量定义:在重复性条件下,对同一被测量进行无限多次测量所得结果 $x_1, x_2, \cdots, x_n (n \to \infty)$ 的平均值 $\bar{x}$ 与被测量的真值 A_0 之差。即

$$\varepsilon = \bar{x} - A_0 \tag{2.1}$$

在去掉随机因素(即随机误差)的影响后,平均值偏离真值的大小就是系统误差。

系统误差越小,测量就越准确。所以,系统误差经常用来表征测量准确度的高低。

2) 随机误差(偶然误差)

在同一测量条件下(指在测量环境、测量人员、测量技术和测量仪器都相同的条件下),多次重复测量同一量值时(等精度测量),每次测量误差的绝对值和符号都以不可预知的方式变化的误差,称为随机误差。

随机误差的产生是由对测量值影响微小但却互不相关的许多因素共同造成。这些因素主要是噪声干扰、电磁场微变、零件的摩擦和配合间隙、热起伏、空气扰动、大地微震、测量人员感官的无规律变化等。

随机误差(δ_i)是测量结果 x_i 与在重复性条件下,对同一被测量进行无限多次测量所得

结果的平均值 $\bar{x}$ 之差。即

$$\delta_i = x_i - \bar{x} \tag{2.2}$$

$$\bar{x} = \frac{x_1 + x_2 + \cdots + x_n}{n} = \frac{1}{n}\sum_{i=1}^{n} x_i \quad (n \to \infty) \tag{2.3}$$

随机误差是测量值与数学期望之差，它表明了测量结果的分散性。随机误差愈小，精密度愈高。

3）粗大误差

粗大误差是一种显然与实际值不符的误差，又称疏失误差。产生粗大误差的原因有：

（1）测量操作疏忽和失误：如测错、读错、记错以及实验条件未达到预定的要求而匆忙实验等。

（2）测量方法不当或错误：如用普通万用表电压挡直接测高内阻电源的开路电压，用普通万用表交流电压挡测量高频交流信号的有效值等。

（3）测量环境条件的突然变化：如电源电压突然增高或降低，雷电干扰、机械冲击等引起测量仪器示值的剧烈变化等。

含有粗大误差的测量值称为坏值或异常值，在数据处理时，应剔除掉。

测量误差可以用绝对误差和相对误差来表示。

1）绝对误差

设被测量的真值为 A_0，测量仪器的示值为 x，则绝对值为：

$$\Delta x = x - A_0 \tag{2.4}$$

在某一时间及空间条件下，被测量的真值虽然是客观存在的，但一般无法测得，只能尽量逼近它。故常用高一级标准测量仪器的测量值 A 代替真值 A_0，则

$$\Delta x = x - A \tag{2.5}$$

在测量前，测量仪器应由高一级标准仪器进行校正，校正量常用修正值 C 表示。对于被测量，高一级标准仪器的示值减去测量仪器的示值所得的差值，就是修正值。实际上，修正值就是绝对误差，只是符号相反：

$$C = -\Delta x = A - x \tag{2.6}$$

利用修正值便可得该仪器所测量的实际值

$$A = x + C \tag{2.7}$$

例如，用电压表测量电压时，电压表的示值为 1.1 V，通过校正得出其修正值为 −0.01 V。则被测电压的真值为：

$$A = 1.1 + (-0.01) = 1.09 \tag{2.8}$$

给出修正值的方式可以是曲线、公式或数表。对于自动测验仪器，修正值则预先编制成有关程序存于仪器中，测量时对误差进行自动修正，所得结果便是实际值。

2）相对误差

绝对误差值的大小往往不能确切地反映出被测量的准确程度。例如，测 100 V 电压时，$\Delta X_1 = +2$ V；测 10 V 电压时，$\Delta X_2 = 0.5$ V，虽然 $\Delta X_1 > \Delta X_2$，可实际 ΔX_1 只占被测量的 2%，而 ΔX_2 却占被测量的 5%。显然，后者对测量结果的影响相对较大。因此，工程上常采用相对误差来比较测量结果的准确程度。

相对误差又分为实际值相对误差、示值相对误差和引用（或满度）相对误差。

（1）实际值相对误差：用绝对误差 Δx 与被测量真值 A_0 的比值的百分数来表示的相对误差，记为：

$$\gamma A_0 = \frac{\Delta x}{A_0} \times 100\% \tag{2.9}$$

（2）示值相对误差：用绝对误差 Δx 与被测量测量值 x 的比值的百分数来表示的相对误差，即

$$\gamma_x = \frac{\Delta x}{X} \times 100\% \tag{2.10}$$

（3）引用（或满度）相对误差：是用绝对误差 Δx 与仪器满刻度值 x_m 之比的百分数来表示的相对误差，即

$$\gamma_m = \frac{\Delta x}{X_m} \times 100\% \tag{2.11}$$

电工仪表的准确度等级就是由 γ_m 决定的。如 1.5 级电表，表明 $\gamma_m \leqslant \pm 1.5\%$。我国电工仪表按值共分七级：0.1、0.2、0.5、1.0、1.5、2.5、5.0。若某仪表的等级是 S 级，它的满刻度值为 x_m，则测量的绝对误差为：

$$\Delta x \leqslant x_m \times S\% \tag{2.12}$$

其示值相对误差为：

$$\gamma_x = \frac{\Delta x}{x} \times 100\% \tag{2.13}$$

在上式中，总是满足 $x \leqslant x_m$ 的。可见当仪表等级 S 选定后，x 愈接近 x_m 时，示值相对误差的上限值愈小，测量愈准确。因此，当我们使用这类仪表进行测量时，一般应使被测量的值尽可能在仪表满刻度值的二分之一以上。

2.2　测量数据的处理

测量数据的采集包括实验的观察、数据的读取与记录。实验观察是指在实验过程中，要聚精会神地观察全部细节，并尽可能做好记录。注意切不可把观察到的客观现象与个人对现象的主观解释混淆起来。

2.2.1　测量数据的采集

在读取测量数据时应首先明确：读取哪些数据以及如何读取。具体思路如下：

（1）首先明确所研究的电路指标是通过哪些电量来体现或计算出的，而这些电量需要通过怎样的测量工具以及电路中哪些节点来测量。

（2）应保证是在电路处于正常工作状态下测量获得的有效数据。

（3）电子实验通常是可重复再现的，为了减少测量误差，应对同一测量电量进行多次重复测量，这主要是防止随机误差造成的误差。

（4）在读取测量数据时，通常要求在可靠读出的数字之后再加上一位不可靠数字，共同组成数据的有效数字（有效数字的位数规定为：第一个不为零的数字位及其右边的所有位数，例如 0.650 0 是四位有效数字，2.45 是三位有效数字，0.03 是一位有效数字）。例：刻有 100 条线的 10 V 电压刻度线，两刻度线间的压差为 0.1 V。若在某次测量中指针稳定指向 41 刻度线位置，则读取的数据应为"4.10 V"；而若指针指向的是 41 和 42 两刻度线中间的位置，则读取的数据应为"4.15 V"。有效数字位数表示的是读取数据的准确度，不能随意增减，即使在进行单位换算时也不能增减有效数字位数。

对测量数据做好客观全面的记录是对实验者基本的实验素质要求，具体应进行如下处理：

（1）实验现象和数据必须以原始形式记录，不能作近似处理，也不能只记录经过计算或换算过的数据，且必须保证数据的真实性。

（2）测量数据记录应全面，包括实验条件、实验中观察到的现象以及客观存在的各种影响，甚至是失败的数据或是被认为与该实验目的无关的数据。因为其中有些数据可能隐含着解决问题的新途径或者可以作为分析电路故障的参考依据。另外要注意记录有关信号的波形。

（3）数据记录一般采用表格方式，方便处理。

（4）在记录数据的同时，要将其与提前或及时估算出的理论值或理想值进行比较，以便及时判断测试数据的正误，检查测试方法或调整实验电路。

2.2.2　实验数据的处理

测量结果通常用数字或图形表示。

1）测量结果的数据处理

（1）有效数字

由于存在误差，所以测量数据总是近似值，它通常由可靠数字和欠准数字两部分组成。例如，由电流表测得电流为 12.6 mA，这是个近似数，12 是可靠数字，而末位 6 为欠准数字，即 12.6 为三位有效数字。有效数字对测量结果的科学表述极为重要。

有效数字的表示应注意以下几点：

a. 与计量单位有关的"0"不是有效数字。例如，0.054 A 与 54 mA 这两种写法均为两位有效数字。

b. 小数点后面的"0"不能随意省略。例如，18 mA 与 18.00 mA 是有区别的，前者为两位有效数字，后者则是四位有效数字。

c. 对后面带"0"的大数目数字，不同写法其有效数字位数是不同的。例如，3 000 写成 30×10^2，只有两位有效数字；若写成 3×10^3 则只有一位有效数字；如写成 $3\ 000 \pm 1$，就有四位有效数字。

d. 如已知误差，则有效数字的位数应与误差所在位相一致，即有效数字的最后一位数应与误差所在位对齐。如仪表误差为 ± 0.02 V，测得数为 3.283 2 V，其结果应写作 3.28 V。因为小数点后面第二位"0"所在位已经产生了误差，所以从小数点后面第三位开始后面的"32"已经没有意义了，写结果时应舍去。

e. 当给出的误差有单位时，则测量资料的写法应与其一致。如频率计的测量误差为 $\pm$ 数千赫兹，测得某信号的频率为 7 100 kHz，则可写成 7.100 MHz 和 $7\ 100 \times 10^3$ Hz，若写成 7 100 000 Hz 或 7.1 MHz 是不行的，因为有效数字与仪器的测量误差不一致。

（2）数据舍入规则

为了使正、负舍入误差出现的机会大致相等，现已广泛采用"小于 5 舍，大于 5 入，等于 5 时取偶数"的舍入规则。即

a. 若保留 n 位有效数字，当后面的数值小于第 n 位的 0.5 单位就舍去；

b. 若保留 n 位有效数字，当后面的数值大于第 n 位的 0.5 单位就在第 n 位数字上加 1；

c. 若保留 n 位有效数字，当后面的数值恰为第 n 位的 0.5 单位，则当第 n 位数字为偶数（0，2，4，6，8）时舍去后面的数字（即末位不变）；当第 n 位数字为奇数（1，3，5，7，9）时，第 n 位

数字加 1(即将末位凑成为偶数)。

这样,由于舍入概率相同,当舍入次数足够多时,舍入误差就会抵消。同时,这种舍入规则,使有效数字的尾数为偶数的机会增多,其能被除尽的机会比奇数多,有利于准确计算。

(3) 有效数字的运算规则

当测量结果需要进行中间运算时,有效数字的取舍原则上取决于参与运算的各数中精度最差的那一项。一般应遵循以下规则:

a. 当几个近似值进行加、减运算时,各数中(采用同一计量单位)以小数点后位数最少的那一个数(如无小数点,则以有效数字位数最少者)为准,其余各数均舍入至比该数多一位后再进行加减运算,结果所保留的小数点后的位数,应与各数中小数点后位数最少者的位数相同。

b. 进行乘除运算时,各数中以有效数字位数最少的那一个数为准,其余各数及积(或商)均舍入至比该因子多一位后进行运算,与小数点位置无关。运算结果的有效数字位数应取舍成与运算前有效数字位数最少的因子相同。

c. 将数平方或开方后,结果可比原数多保留一位。

d. 用对数进行运算时,n 位有效数字的数应该用 n 位对数表示。

e. 若计算式中出现如 e、π 等常数时,可根据具体情况来决定它们应取的位数。

2) 测量结果的曲线处理

对于测量结果除了可以用表格形式进行表示之外,还可以通过各种坐标曲线图进行表示,称为图解处理数据。此种表示方式比较直观方便,特别在研究两个参量之间关系时非常方便。利用图解处理数据时应注意以下几个方面:

(1) 坐标系的选择

当表示两个参量之间的函数关系时,通常选用直角坐标系(笛卡儿坐标),也可选用极坐标。

(2) 自变量的选择

一般将误差可以忽略不计的量当作自变量,并用横坐标表示;另一变量则用纵坐标表示。

(3) 坐标分度与比例的选择

在直角坐标中常选用线性分度和对数分度,如放大电路幅频特性曲线的横坐标就是用对数分度。对于分度比例的选择应遵循的原则是:当自变量变化范围很宽时,采用对数坐标分度。横、纵坐标可各取适宜比例表示。坐标分度与测量误差应相对一致,如果分度过细,会在一定程度上夸大测量误差;过粗则会牺牲原有测量精度,增加了作图的误差。此外,还应注意测量点数目多少的选择,测量点应在所作曲线上均匀分布,一般在曲线变化急剧的区域,测量点应适当多一些,密度大一些。

在实际测量过程中,由于各种误差的影响,测量数据将出现离散现象,如将测量点直接连接起来,不会是一条光滑的曲线,而是呈折线状。对此应用有关误差理论,可以把各种随机因素引起的曲线波动抹平,使其成为一条光滑均匀的曲线,这个过程称为曲线的修匀。

在要求不太高的测量中,常采用一种简便、可行的工程方法——分组平均法来修匀曲线。这种方法是将各测量点分成若干组,每组含 2~4 个数据点,然后分别估取各组的几何重心,再将这些重心连接起来。

3　常用元器件的识别及检测

3.1　电阻

3.1.1　电阻的标识及方法

（1）直接标注法

用数字和单位符号将电阻参数及其种类等信息直接标明在电阻实体的表面，其允许偏差直接用百分数表示，若电阻上未注偏差，则均为±20%。

（2）文字符号法

将阿拉伯数字和文字符号两者有规律的组合来表示标称阻值，其允许偏差用文字符号表示。符号前面的数字表示整数阻值，后面的数字依次表示第一位小数阻值和第二位小数阻值。

表示允许偏差的文字符号有：D、F、G、J、K、M。对应的允许偏差为：±0.5%、±1%、±2%、±5%、±10%、±20%。

（3）数码法

在电阻器上用3位数码表示标称阻值。数码从左到右，第1、2位为有效值，第3位为指数，即零的个数，单位为欧（Ω）。偏差通常采用文字符号表示。

（4）色标法

色环标志法是用不同颜色的色环在电阻器表面标称阻值和允许偏差。

a. 2位有效数字的色环标志法。

普通电阻器用四条色环表示标称阻值和允许偏差，其中三条表示阻值，一条表示偏差，如图 3.1 所示，各颜色含义如表 3.1 所示。

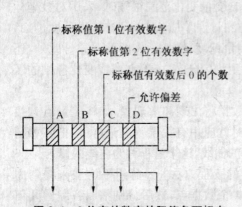

图 3.1　2位有效数字的阻值色环标志

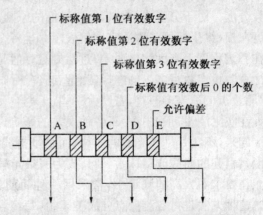

图 3.2　3位有效数字的阻值色环标志

表 3.1　2 位有效数字的颜色含义

颜色	第 1 位有效数	第 2 位有效数	倍率	允许偏差
黑	0	0	10^0	
棕	1	1	10^1	
红	2	2	10^2	
橙	3	3	10^3	
黄	4	4	10^4	
绿	5	5	10^5	
蓝	6	6	10^6	
紫	7	7	10^7	
灰	8	8	10^8	
白	9	9	10^9	$+50\%$ -20%
金			10^{-1}	$\pm5\%$
银			10^{-2}	$\pm10\%$
无色				$\pm20\%$

表 3.2　3 位有效数字的颜色含义

颜色	第 1 位有效数	第 2 位有效数	第 3 位有效数	倍率	允许偏差
黑	0	0	0	10^0	
棕	1	1	1	10^1	$\pm1\%$
红	2	2	2	10^2	$\pm2\%$
橙	3	3	3	10^3	
黄	4	4	4	10^4	
绿	5	5	5	10^5	$\pm0.5\%$
蓝	6	6	6	10^6	$\pm0.25\%$
紫	7	7	7	10^7	$\pm0.1\%$
灰	8	8	8	10^8	
白	9	9	9	10^9	
金				10^{-1}	
银				10^{-2}	

b. 3 位有效数字的色环标志法。精密电阻器用五条色环表示标称阻值和允许偏差,如图 3.2 所示,各颜色含义如表 3.2 所示。

示例如图 3.3、图 3.4 所示。

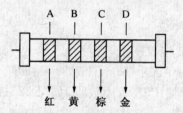

图 3.3　3 位有效数字的示例一

色环:A—红色;B—黄色
　　　C—棕色;D—金色

则该电阻标称值及精度为:
$24\times10^1=240\ \Omega\pm12\ \Omega$

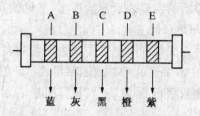

图 3.4　3 位有效数字的示例二

色环:A—蓝色;B—灰色;C—黑色
　　　D—橙色;E—紫色

则该电阻标称值及精度为:
$680\times10^3=680\ \text{k}\Omega\pm0.68\ \text{k}\Omega$

3.1.2　电阻器的质量鉴别

电阻器的质量好坏比较容易鉴别,其常见故障有两种:一种是阻值变化,即实际阻值远大于标称阻值,甚至变为无穷大,这说明此电阻器断路了;另一种是电阻器内部或引出端接触不良,导致电路工作性能下降、不稳定。出现上述故障时通常换上一只等阻值、等功率的新的电阻器即可,也可用几个阻值较小的电阻串联来替换一大阻值电阻,或用几个阻值较大的电阻并联来替换一小阻值电阻。

　　测量电阻阻值的方法很多,可用机械式或数字式万用表欧姆挡进行直接测量(当测量精度要求较高时,可采用电阻电桥来测量电阻阻值,电阻电桥有单臂电桥——惠斯登电桥和双臂电桥——凯尔文电桥),也可根据欧姆定律 $R = U/I$,通过测量流过电阻的电流 I 和电阻上的压降 U 来间接测量电阻值。

　　在用万用表欧姆挡测量电阻阻值时,将红、黑两表笔(不分正负)分别与电阻两端的引脚相接即可测出实际电阻阻值。为了提高测量精度,应根据被测电阻标称值的大小来选择量程。对于机械式万用表,由于其欧姆挡刻度的非线性,刻度盘的中间一段分度较为精细,因此应使其指针指示值尽可能落到刻度盘的中段位置,即全刻度起始的 20%~80% 弧度范围内。根据电阻误差等级不同,读数与标称阻值之间分别允许有 ±5%、±10% 或 ±20% 的误差;如不相符,超出误差范围,则说明该电阻值变值了。

　　注意事项如下:

　　a. 在测试电路中的电阻时,应将被检测的电阻从电路中取下来,至少要断开一端,以免电路中的其他元件对测试产生影响,造成测量误差;

　　b. 在测试高阻值电阻,特别是在测几十千欧以上阻值的电阻时,手不要触及表笔和电阻的导电部分;

　　c. 对于特殊电阻的测量要结合其具体的电阻特性进行。

3.2　电容

3.2.1　电容器的识别

　　电容器的容量表示方法很多,常见的有如下几种方法:

　　1) 加单位的直标法

　　此种方法是国际电工委员会推荐的表示法。用 2~4 位数字和 1 个字母表示电容标称容量,其中数字表示有效数值,字母表示数值的量级。如"33 m"表示"33 mF"或"33 000 μF"。也有些是在数字前面加字母"R",用来表示零点几微法,即"R"表示小数点,如"R22"表示"0.22 μF"。

　　2) 不标单位的直标法

　　若用 1~4 位数字表示,容量单位为皮法(pF),如"3 300"表示"3 300 pF";若用零点零几或零点几表示,其容量单位为微法(μF),如"0.056"表示"0.056 μF"。

　　3) 数码表示法

　　一般用 3 位数字表示,前两位数字表示电容量的有效数字,第 3 位数字表示有效数字后面零的个数,其单位为 pF。如"102"表示"1 000 pF";"221"表示"220 pF"。但注意此种表示法中的一种特殊情况,即当第 3 位数字为"9"时,是用有效数字乘"10^{-1}"来计量的,如"229"表示为"$22×10^{-1}$ pF"。

　　4) 色标法

　　色标法是用不同颜色的色环或色点来表示标称电容量和允许偏差。此种色标法与电阻的两位有效数字色标法相似。具体方法是:沿电容引线方向,第一、二道色环代表电容量的有效数字,第三道色环表示有效数字后面 10 的倍率,单位为 pF,其后的色环表示耐压和允许偏差等,参见表 3.3。

表 3.3　电容器色码法标注颜色对应数值表

颜　色	第 1 位 有效数字	第 2 位 有效数字	倍　率	允许偏差
黑	0	0	10^0	
棕	1	1	10^{11}	$\pm 1\%$
红	2	2	10^2	$\pm 2\%$
橙	3	3	10^3	
黄	4	4	10^4	
绿	5	5	10^5	$\pm 0.5\%$
蓝	6	6	10^6	$\pm 0.25\%$
紫	7	7	10^7	$\pm 0.1\%$
灰	8	8	10^8	
白	9	9	10^9	
金			10^{-1}	$\pm 5\%$
银			10^{-2}	$\pm 10\%$

3.2.2　电容器的质量鉴别

电容常见故障有短路、断路、失效等。为确保电路正常工作,在选用电容时必须对其进行性能检测,可应用专用仪器如交流电桥等,也可借助万用表进行简单的性能测试。在测量电容之前,要先将两引脚短接,进行放电,然后根据电容容量的大小,选择合适的万用表欧姆挡量程,见表 3.4。

表 3.4　万用表欧姆挡挡位与电容值对应表

万用表 欧姆挡挡位(Ω)	$\times 10\ k$	$\times 1\ k$	$\times 100$	$\times 10$	$\times 1$
测量电容容值 对应范围	$0.01 \sim 10\ \mu F$	$0.1 \sim 100\ \mu F$	$1 \sim 1\ 000\ \mu F$	$10 \sim 10\ 000\ \mu F$	$100 \sim 100\ 000\ \mu F$

1）绝缘电阻的测量

先将电容放电,然后选择合适的量程。当两表笔分别接触电容的两根引线(对电解电容进行测量时,要将机械式万用表的黑表笔接电容正极,红表笔接电容负极)时,表针首先按顺时针方向摆动,然后慢慢沿反方向退回至 ∞ 位置处。如果表针静止处距 ∞ 较远,表明电容绝缘电阻较小,漏电严重,不能使用;如果表针退回至 ∞ 位置处又顺时针摆动,则表明此电容绝缘电阻更小,漏电更严重。一般情况下,如果漏电电阻只有几十千欧,说明这一电解电容漏电严重。电解电容的绝缘电阻(漏电阻)大于 500 kΩ 时性能较好,在 200 ~ 500 kΩ 时性能一般,而小于 200 kΩ 时表明漏电较为严重。

2)电容是否断路测量

用万用表测试电容是否断路,只对容量大于 0.01 μF 的电容适用,对容量小于 0.01 μF 的电容的断路测试只能用其他仪表(如 Q 表等)进行。

在用万用表测试电容是否断路时,必须根据电容容量的大小,选择合适的量程,才能正确的进行判断。具体测试方法为:先将电容的两引脚短接,对其进行放电,用万用表的两表笔分别接触电容的两根引线;若表针不动,再将电容的两引脚短接,对其进行放电,将表针对调后再测量一次,若表针仍不动,则说明电容断路。

3)电容是否短路测量

根据电容容量的大小,选择合适的万用表欧姆挡量程。先将电容的两引脚短接,对其进行放电,再将万用表的两表笔分别接触电容的两根引线,若表针指示阻值很小或为零,且不再返回,则表明电容已被击穿短路。

4)电解电容极性判断

电解电容的两根引线一长一短,长的为阳极,短的为阴极。也可用万用表进行测试判断:先将电容的两引脚短接,对其进行放电,用万用表测量一次电容的绝缘电阻阻值;然后再将电容的两引脚短接,对其进行放电,将红黑表笔对调后再测量一次,将两次的测量数值进行对比,绝缘电阻小的一次黑表笔所接的引线即为负极。

5)可变电容器的检测

首先用手轻轻旋动转轴,应感觉十分平滑,不应感觉时松时紧甚至有卡滞现象。将载轴向前、后、上、下、左、右等各个方向推动时,转轴不应有松动的现象。用一只手旋动转轴,用另一只手轻摸动片组的外缘,不应感觉有任何松脱现象。转轴与动片之间接触不良的可变电容器,不能再继续使用。其次将万用表置于 R×10 k 挡,一只手将两个表笔分别接可变电容器的动片和定片的引出端,另一只手将转轴缓缓旋动几个来回,万用表指针都应在无穷大位置不动。在旋动转轴的过程中,如果指针有时指向零,说明动片和定片之间存在短路点;如果碰到某一角度,万用表读数不为无穷大而是出现一定阻值,说明可变电容器动片与定片之间存在漏电现象。

3.2.3 电容选用基本常识

不同电路应选用不同种类的电容:在电源滤波、去耦、旁路等电路中需用大容量电容时应选用电解电容;在高频、高压电路中应选用瓷介、云母电容;在谐振电路中可选用云母、陶瓷、有机薄膜等电容;用作"隔直"时可选用纸介、涤纶、云母、电解等电容。此外,在选用电容时还应注意电容的引线形式,可根据实际需要选择焊片引出、接线引出、螺钉引出等,以适应线路的插孔要求。

3.3 电感

3.3.1 电感量的标识方法

(1)直接法。其基本单位为亨(H),在实际应用中使用较多的单位为毫亨(mH)和微亨

（μH），三个单位之间对应的换算关系式为：

$$1 \text{ H} = 10^3 \text{ mH} = 10^6 \text{ μH}$$

（2）数字表示法。与电容的表示方法相同。

（3）色环表示法。这种表示方法与电阻相似。一般有四种颜色，前 2 环颜色为有效数字；第 3 环为倍率，单位为微亨（μH）；第 4 环为误差位。

3.3.2　电感线圈性能测量

用万用表的欧姆挡（R×10 或 R×1 挡）测量电感线圈的阻值，若为无穷大，表明电感线圈断路；若电阻很小，表明电感线圈正常。如要测量电感元件的电感量或品质因数，则需要用专用电子仪器，如高频 Q 表或交流电桥等。

3.4　晶体二极管

3.4.1　晶体二极管的识别

普通二极管有玻璃和塑料两种封装形式。其外壳上均印有型号和标记，识别很简单：小功率二极管的负极（N 极），在二极管外表大多采用一道色环标识出来，也有的采用符号标志"P"、"N"来标明二极管的极性。发光二极管的正、负极可从引脚长短来识别，长脚为正、短脚为负。

国产二极管的型号命名由五部分组成（部分类型没有第五部分），各部分表示意义如表 3.5 所示。例如："2CP60"表示 N 型硅材料普通二极管，产品序号为"60"；"2AP9"表示锗 N 型普通二极管，产品序号为"9"；"2CW55"表示硅 N 型稳压二极管，产品序号为"55"。

表 3.5　国产二极管型号命名规定

第一部分		第二部分		第三部分		第四部分	第五部分
用数字表示器件电极数		用字母表示器件的材料与极性		用字母表示器件的类别		用数字表示器件的序号	用字母表示规格号
符号	意义	符号	意义	符号	意义	意义	意义
2	二极管	A	N 型锗材料	P	普通管	反映极限参数、直流参数和交流参数等	反映承受反向击穿电压的程度。如规定号为 A、B、C、D 等。其中 A 承受的反向击穿电压最低、B 次之，以此类推
		B	P 型锗材料	V	微波管		
		C	N 型硅材料	W	稳压管		
		D	P 型硅材料	Z	整流管		
				N	阻尼管		
				V	光电管		
				K	开关管		

3.4.2　晶体二极管的质量鉴别

1）质量检测

根据二极管的单向导电性,可运用万用表的欧姆挡(R×1 k 或 R×100 挡)检测二极管性能的优劣,具体检测方法为:将万用表两个表笔任意接触二极管的两个引脚,读取阻值,然后调换两表笔位置再进行测量读取阻值。对于性能完好的二极管而言,两次测量的阻值应相差很大,阻值大的称为二极管的反向电阻,阻值小的称为二极管的正向电阻。通常,硅二极管的正向电阻约为数百至数千欧,反向电阻在几兆欧以上;锗二极管的正向电阻约为数十至数百欧,反向电阻在几百千欧以上。若实测的反向电阻值很小,表明二极管已被反向击穿;若实测的正、反向电阻阻值均为无穷大,则表明二极管内部已断路;若实测的正、反向电阻阻值相差不大,即有一个阻值偏离正常值,则表明二极管性能不良,不宜选用。根据此种测试方法还可以用来判断一性能完好的二极管的正、负极性。

注意事项:用数字式万用表去测二极管时,红表笔接二极管的正极,黑表笔接二极管的负极,此时测得的阻值才是二极管的正向导通阻值,这与指针式万用表的表笔接法刚好相反。

2）稳压二极管

稳压二极管(又叫齐纳二极管),存在玻璃、塑料封装和金属外壳封装三种形式。稳压二极管的稳压原理是:被反向击穿后,两端的电压基本保持不变。这样,当把稳压管接入电路以后,若由于电源电压发生波动,或其他原因造成电路中各点电压变动时,负载两端的电压将基本保持不变。常见型号稳压二极管对应的稳压值参见表3.6。

表 3.6　常见型号稳压二极管对应稳压值

型　号	1N4728	1N4729	1N4730	1N4732	1N4733	1N4734	1N4735	1N4744	1N4750	1N4751	1N4761
稳压值	3.3 V	3.6 V	3.9 V	4.7 V	5.1 V	5.6 V	6.2 V	15 V	27 V	30 V	75 V

稳压二极管的伏安特性与普通二极管的相似,只是反向特性部分,由于其被反向击穿,特性曲线更陡直,质量检测方法与普通二极管的一致。应用电路为反向接法,且串接分压限流电阻。应用电路的故障主要有为开路、短路和稳压值不稳定这三种情况;开路故障表现为电源电压升高;后两种故障表现为电源电压降低到零伏或输出不稳定。

3.5　晶体三极管

3.5.1　晶体三极管管脚识别

1）晶体三极管管脚识别

晶体三极管管脚排列因型号、封装形式与功能等的不同而有所区别。对于小功率三极管有金属封装和塑料外壳封装两种形式;对于大功率三极管,外形一般分为"F"型和"G"型两种。金属封装形式的晶体三极管常见管脚排列见图3.5(a);塑料外壳封装形式的晶体三极管常见引脚排列见图3.5(b)。在具体的应用中,为准确可靠起见,建议依据相关的技术手册确定具体封装形式三极管的管脚排列情况。

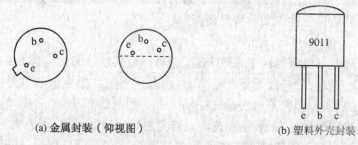

(a) 金属封装（仰视图）　　　　　　　　　　　(b) 塑料外壳封装

图 3.5　小功率三极管常见封装形式与管脚排列示意图

2) 国产晶体三极管型号命名

国产晶体三极管的型号命名原则与晶体二极管的相同，也由五部分组成，各部分的字母与数字所表征的意义见表 3.7。例如：由型号标注"3AX31A"可知，此管为 PNP 型低频小功率锗三极管。

表 3.7　国产三极管的型号命名方法

第一部分		第二部分		第三部分		第四部分	第五部分
用数字表示 器件电极数		用字母表示 器件的材料与极性		用字母表示 器件的类别		用数字表示 器件的序号	用字母表示 规　格　号
符号	意义	符号	意义	符号	意义	意义	意义
3	三极管	A	PNP 型锗材料	V	光电管	反映极限参数、直流参数和交流参数等	反映承受反向击穿电压的程度。如规定号为 A,B,C,D 等。其中 A 承受的反向击穿电压最低、B 次之，以此类推
		B	NPN 型锗材料	X	低频小功率管		
		C	PNP 型硅材料	G	高频小功率管		
		D	NPN 型硅材料	D	低频大功率管		
		E	化合物材料	A	高频大功率管		

3.5.2　晶体三极管的质量鉴别

1) 类型、引脚判断

三极管的引脚排列可借助机械式万用表的欧姆挡进行判断，基本判断方法为：选用欧姆挡的 R×1 k 挡，首先将黑表笔与其中的一引脚稳定相接，再将红表笔分别与另外的两个引脚相接，若两次测得的阻值都较小，且对调后阻值都很大，则黑表笔所接的为基极，且三极管的类型为 NPN 型；若两次测得的阻值都较大，且对调后都很小，则黑表笔所接的仍为基极，三极管的类型为 PNP 型；若两次测得的阻值一大一小时，则需要将黑表笔换接另一个引脚，直至出现两次测得的阻值均相等的情况。然后，再继续区分判断三极管的集电极和发射极，具体方法为：选用欧姆挡的 R×1 k 挡，若被测的三极管为 PNP 型，先假定一个引脚为集电极，接红表笔，另一个引脚为发射极，接黑表笔，然后用手捏一下基极和集电极，注意不要将两极直接相碰，并注意观察指针向右摆动的幅度，对调后再观察指针向右摆动的幅度，则两次摆幅较大者的假设极性与实际情况相符；若被测的三极管为 NPN 型，先假定一个引脚为集电极，接黑表笔，另一个引脚为发射极，接红表笔，然后用手捏一下基极和集电极，注意不要将两极直接相碰,并注意观察指针向右摆动的幅度,对调后再观察指针向右摆动的幅度,两次摆幅较大者的假设极性与实际情况相符。

2) 性能测试

通过万用表测量三极管的两个参数 I_{CEO}、h_{FE} 可以对其性能的优劣有基本的判断与把握。具体方法如下:令三极管的基极处于开路状态,用万用表测其集电极与发射极间的电阻值,实测值多接近无穷大处,即看不出表针的摆动。若实测阻值较小,则表明 I_{CEO} 值较大,此三极管的性能及其稳定性较差,一般不宜选用。若实测阻值接近于零,则表明三极管的集电极与发射极之间已被击穿。一般情况下锗管和中功率管应在 20 kΩ 以上,硅管应大于10 kΩ。h_{FE} 参数可直接通过万用表的"h_{FE}"挡进行测量读数。

此外,通过测量三极管极间电阻的大小,也可判断管子质量的好坏。在测量时,要注意量程的选择变换,以免产生误判或损坏三极管。在测小功率管时,应选用 R×1 k 或 R×100 挡,而不能选用 R×1 或 R×10 k 挡,原因在于前者电流较大,后者电压较高,都有可能造成三极管的损坏;在测大功率管时,则应选用 R×1 或 R×10 k 挡,原因在于它的正、反向电阻均较小,选用其他挡位易发生误判。对于质量良好的中、小功率三极管,基极与集电极、基极与发射极之间的正向电阻一般为几百欧到几千欧,其余的极间电阻都很高,约为几百千欧,硅材料的三极管极间电阻要比锗材料的高。

注意:利用万用表检测中、小功率三极管的极性、管型及性能的各种方法,对检测大功率三极管来说基本上适用。但是,由于大功率三极管的工作电流比较大,因而其 PN 结的面积也较大,其反向饱和电流也必然增大。所以,若像测量中、小功率三极管极间电阻那样,使用万用表的 R×1 k 挡测量,必然测得的电阻值很小,所以通常使用 R×10 或 R×1 挡检测大功率三极管。

3.6　场效应晶体管

3.6.1　场效应晶体管的质量鉴别

1) 用测电阻法判别结型场效应管的电极

根据场效应管的 PN 结正、反向电阻值不一样的现象,可以判别出结型场效应管的三个电极。具体方法:将万用表拨在 R×1 k 挡上,任选两个电极,分别测出其正、反向电阻值。当某两个电极的正、反向电阻值相等,且为几千欧姆时,则该两个电极分别是漏极 D 和源极 S。因为对结型场效应管而言,漏极和源极可互换,剩下的电极肯定是栅极 G。也可以将万用表的黑表笔(或红表笔)任意接触一个电极,另一只表笔去接触其余的两个电极,测其电阻值。当出现两次测得的电阻值近似相等时,则黑表笔所接触的电极为栅极,其余两电极分别为漏极和源极。若两次测出的电阻值均很大,说明是 PN 结的反向,即是反向电阻,可以判定是 N 沟道场效应管,且黑表笔接的是栅极;若两次测出的电阻值均很小,说明是正向 PN 结,即是正向电阻,判定为 P 沟道场效应管,黑表笔接的也是栅极。若不出现上述情况,可以调换黑、红表笔按上述方法进行测试,直到判别出栅极为止。

2) 用测电阻法判别场效应管的好坏

测电阻法是用万用表测量场效应管的源极与漏极、栅极与源极、栅极与漏极、栅极 G_1 与

栅极 G_2 之间的电阻值同场效应管手册标明的电阻值是否相符以判别管的好坏。具体方法为:首先将万用表置于 R×10 或 R×100 挡,测量源极 S 与漏极 D 之间的电阻,通常在几十欧到几千欧范围(从手册中可知,各种不同型号的管,其电阻值是各不相同的),如果测得阻值大于正常值,可能是由于内部接触不良;如果测得阻值是无穷大,可能是内部断极。然后把万用表置于 R×10 k 挡,再测栅极 G_1 与 G_2 之间、栅极与源极、栅极与漏极之间的电阻值,当测得其各项电阻值均为无穷大,则说明管是正常的;若测得上述各阻值太小或为通路,则说明管是坏的。若两个栅极在管内断极,可用元件代换法进行检测。

3) 用感应信号输入法估测场效应管的放大能力

具体方法为:用万用表电阻的 R×100 挡,红表笔接源极 S,黑表笔接漏极 D,给场效应管加上 1.5 V 的电源电压,此时表针指示出漏源极间的电阻值。然后用手捏住结型场效应管的栅极 G,将人体的感应电压信号加到栅极上。这样,由于管的放大作用,漏源电压 V_{DS} 和漏极电流 I_d 都要发生变化,也就是漏源极间电阻发生了变化,由此可以观察到表针有较大幅度的摆动。如果表针摆动较小,说明管的放大能力较差;表针摆动较大,表明管的放大能力大;若表针不动,说明管是坏的。

如用万用表的 R×100 挡,测试结型场效应管 3DJ2F。先将管的 G 极开路,测得漏源电阻 R_{DS} 为 600 Ω;用手捏住 G 极后,表针向左摆动,指示的电阻 R_{DS} 为 12 kΩ。表针摆动的幅度较大,说明该管是好的,并有较大的放大能力。

运用这种方法时要注意几点:首先,在测试场效应管用手捏住栅极时,万用表针可能向右摆动(电阻值减小),也可能向左摆动(电阻值增加),这是由于人体感应的交流电压较高,而不同的场效应管用电阻档测量时的工作点不同(或者工作在饱和区、或者工作在不饱和区)所致。试验表明,多数管的 R_{DS} 增大,即表针向左摆动;少数管的 R_{DS} 减小,使表针向右摆动,但无论表针摆动方向如何,只要表针摆动幅度较大,就说明管有较大的放大能力。其次,此方法对 MOS 场效应管也适用。但要注意,MOS 场效应管的输入电阻高,栅极 G 允许的感应电压不是很高,所以不要直接用手去捏栅极,必须用手握螺丝刀的绝缘柄,用金属杆去碰触栅极,以防止人体感应电荷直接加到栅极,引起栅极击穿。再次,每次测量完毕,应当将 G-S 极间短路一下。这是因为 G-S 结电容上会充有少量电荷,建立起 U_{GS} 电压,造成再次进行测量时表针可能不动。

4) 用测电阻法判别无标志的场效应管

首先用测量电阻的方法找出两个有电阻值的管脚,也就是源极 S 和漏极 D,余下两个脚为第一栅极 G_1 和第二栅极 G_2。用两表笔测得源极 S 与漏极 D 之间的电阻值并记下来,对调表笔再测量一次,两次测得阻值较大的一次,黑表笔所接的电极为漏极 D,红表笔所接的为源极 S。用这种方法判别出来的 S、D 极,还可以用估测其管的放大能力的方法进行验证,即放大能力大的黑表笔所接的是 D 极,红表笔所接的是 S 极,两种方法检测结果应一样。当确定了漏极 D、源极 S 的位置后,按 D、S 的对应位置装入电路,一般 G_1、G_2 也会依次对准位置,这就确定了两个栅极 G_1、G_2 的位置,从而就确定了 D、S、G_1、G_2 管脚的顺序。

5) 用测反向电阻值的变化判断跨导的大小

测量 VMOS N 沟道增强型场效应管跨导性能时,可用红表笔接源极 S,黑表笔接漏极 D,这就相当于在源、漏极之间加了一个反向电压。此时栅极是开路的,管的反向电阻值很不稳定。将万用表的欧姆挡选在 R×10 k 的高阻挡,此时表内电压较高。当用手接触栅极 G

时,会发现管的反向电阻值有明显的变化,其变化越大,说明管的跨导值越高。

3.6.2　场效应晶体管的使用注意事项

(1) 为了安全使用场效应管,在线路的设计中不能超过管的耗散功率、最大漏源电压、最大栅源电压和最大电流等参数的极限值。

(2) 各类型场效应管在使用时,都要严格按要求的偏置接入电路中,要遵守场效应管偏置的极性。如结型场效应管栅源漏之间是 PN 结,N 沟道管栅极不能加正偏压、P 沟道管栅极不能加负偏压等等。

(3) MOS 场效应管由于输入阻抗极高,所以在运输、贮藏中必须将引出脚短路,要用金属屏蔽包装,以防止外来感应电势将栅极击穿。尤其要注意,不能将 MOS 场效应管放入塑料盒子内,同时也要注意管的防潮。

(4) 为了防止场效应管栅极感应击穿,要求一切测试仪器、工作台、电烙铁、线路本身都必须有良好的接地。管脚在焊接时,先焊源极。在连入电路之前,管的全部引线端保持互相短接状态,焊接完后才把短接材料去掉。从元器件架上取下管时,应以适当的方式确保人体接地,如采用接地环等。当然,如果能采用先进的气热型电烙铁,焊接场效应管是比较方便的,并且可确保安全。在未关断电源时,绝对不可以把管插入电路或从电路中拔出。

(5) 在安装场效应管时,注意安装的位置要尽量避免靠近发热元件;为了防管件振动,有必要将管壳体紧固起来;管脚引线在弯曲时,应当在大于根部尺寸 5 mm 处进行,以防止弯断管脚和引起漏气等。对于功率型场效应管,要有良好的散热条件,因为功率型场效应管要在高负荷条件下运用,必须设计足够的散热器,确保壳体温度不超过额定值,使器件长期稳定可靠地工作。

3.7　集成芯片

3.7.1　集成芯片管脚识别

在电子实验中所用到的集成芯片大多都是双列直插式的,其引脚排列的识别方法是:正对集成电路型号(见图 3.6)或看标记(左边的缺口或小圆点标记),从左下角开始按逆时针方向以 1,2,3,…依次排列到最后一脚(在左上角)。在标准型 TTL 集成电路中,电源端 V_{cc} 一般排在左上端,接地端 GND 一般排在右下端。如 74LS20 为 14 脚芯片,第 14 脚为 V_{cc},第 7 脚为 GND。若集成芯片引脚上的功能标号为 NC,则表示该引脚为空脚,与内部电路不连接。

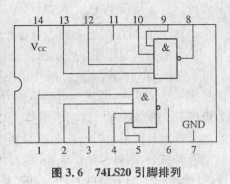

图 3.6　74LS20 引脚排列

3.7.2　TTL 集成芯片使用规则

(1) 接插集成块时,要认清定位标记,不得插反。

(2) 电源电压使用范围为 +4.5～+5.5 V 之间,实验中要求使用 V_{cc} = +5 V。电源极性绝对不允许接错。

（3）闲置输入端处理方法

① 悬空，相当于正逻辑"1"。对于一般小规模集成电路的数据输入端，实验时允许悬空处理。但其易受外界干扰，导致电路的逻辑功能不正常。因此，对于接有长线的输入端、中规模以上的集成电路和使用集成电路较多的复杂电路，所有控制输入端必须按逻辑要求接入电路，不允许悬空。

② 直接接电源电压 V_{CC}（也可以串入一只 $1\sim10\text{ k}\Omega$ 的固定电阻），或接至某一固定电压（$+2.4\leqslant U\leqslant4.5\text{ V}$）的电源上，或与输入端为接地的多余与非门的输出端相接。

③ 若前级驱动能力允许，可以与使用的输入端并联。

（4）输入端通过电阻接地，电阻值的大小将直接影响电路所处的状态。当 $R\leqslant680\ \Omega$ 时，输入端相当于逻辑"0"；当 $R\geqslant4.7\text{ k}\Omega$ 时，输入端相当于逻辑"1"。对于不同系列的器件，要求的阻值不同。

（5）输出端不允许并联使用（集电极开路门（OC）和三态输出门电路（3S）除外），否则不仅会使电路逻辑功能混乱，并会导致器件损坏。

（6）输出端不允许直接接地或直接接 $+5\text{ V}$ 电源，否则将损坏器件。有时为了使后级电路获得较高的输出电平，允许输出端通过电阻 R 接至 V_{CC}，一般取 $R=3\sim5.1\text{ k}\Omega$。

3.7.3　CMOS 集成芯片使用规则

由于 CMOS 电路有很高的输入阻抗，这给使用者带来一定的麻烦，即外来的干扰信号很容易在一些悬空的输入端上感应出很高的电压以至损坏器件。CMOS 电路的使用规则如下：

（1）V_{DD} 接电源正极，V_{SS} 接电源负极（通常接地），不得接反。CC4000 系列的电源允许电压在 $+3\sim+18\text{ V}$ 范围内选择，实验中一般要求使用 $+5\sim+15\text{ V}$。

（2）所有输入端一律不准悬空，处理方法为：① 按照逻辑要求，直接接 V_{DD}（与非门）或 V_{SS}（或非门），② 在工作频率不高的电路中，允许输入端并联使用。

（3）输出端不允许直接与 V_{DD} 或 V_{SS} 连接，否则将导致器件损坏。

（4）在装接电路，改变电路连接或插、拔电路时，均应切断电源，严禁带电操作。

（5）焊接、测试和储存时的注意事项：

① 电路应存放在导电的容器内，有良好的静电屏蔽。

② 焊接时必须切断电源，电烙铁外壳必须良好接地；或拔下烙铁，靠其余热焊接。

③ 所有的测试仪器必须良好接地。

4 干扰、噪声抑制和自激振荡的消除

4.1 概述

放大器的调试一般包括调整和测量静态工作点；调整和测量放大器的性能指标：放大倍数、输入电阻、输出电阻和通频带等。由于放大电路是一种弱电系统，具有很高的灵敏度，因此很容易受外界和内部一些无规则信号的影响。也就是在放大器的输入端短路时，输出端仍有杂乱无规则的电压输出，这就是放大器的噪声和干扰电压。另外，由于安装、布线不合理，负反馈太深以及各级放大器共用一个直流电源造成级间耦合等，也能使放大器在没有输入信号时，有一定幅度和频率的电压输出，例如收音机的尖叫声或"突突……"的汽船声，这就是放大器发生了自激振荡。噪声、干扰和自激振荡的存在都妨碍了对有用信号的观察和测量，严重时放大器将不能正常工作，所以必须抑制干扰、噪声并消除自激振荡，才能进行正常的调试和测量。

4.2 干扰和噪声的抑制

把放大器输入端短路，在放大器输出端仍可测量到一定的噪声和干扰电压。其频率如果是 50 Hz(100 Hz)，一般称为 50 Hz(100 Hz)交流声。它有时是非周期性的，没有一定规律，可以用示波器观察到如图 4.1 所示的波形。50 Hz 交流声大都来自电源变压器或交流电源线，100 Hz 交流声往往是由于整流滤波不良所造成的。另外，由电路周围的电磁波干扰信号引起的干扰电压也很常见。电路中的地线接得不合理，也会引起干扰。由于放大器的放大倍数很高(特别是多级放大器)，只要在它的前级引进一点微弱的干扰，经过几级放大，在输出端就可能产生一个很大的干扰电压。

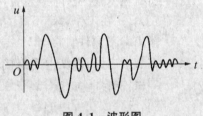

图 4.1 波形图

抑制干扰和噪声的措施一般有以下几种：

1) 选用低噪声的元器件

如噪声小的集成运放和金属膜电阻等，可加低噪声的前置差动放大电路。由于集成运放内部电路复杂，因此它的噪声较大。即使是"极低噪声"的集成运放，也不如某些噪声小的场效应对管或双极型超 β 对管，所以在要求噪声系数极低的场合，以挑选噪声小对管组成前置差动放大电路为宜，或可加有源滤波器。

2) 合理布线

放大器输入回路的导线和输出回路、交流电源的导线要分开，不要平行铺设或捆扎在一起,以免相互感应。

3) 屏蔽

小信号的输入线可以采用具有金属丝外套的屏蔽线,外套接地。整个输入级用单独金属盒罩起来,外罩接地。电源变压器的初、次级之间加屏蔽层。电源变压器要远离放大器前级,必要时可以把变压器也用金属盒罩起来,以利隔离。

4) 滤波

为防止电源串入干扰信号,可在交(直)流电源线的进线处加滤波电路。图 4.2(a)、(b)、(c)所示的无源滤波器可以滤除天电干扰(雷电等引起)和工业干扰(电机、电磁铁等设备启、制动时引起)等干扰信号,且不影响 50 Hz 电源的引入。图中电感、电容元件,一般 L 为几至几十毫亨,C 为几千微微法。图(d)中阻容串联电路对电源电压的突变有吸收作用,可免其进入放大器;R 和 C 的数值可选 100 Ω 和 2 μF 左右。

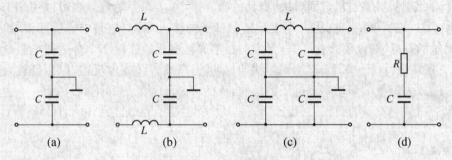

图 4.2　无源滤波器

5) 选择合理的接地点

在各级放大电路中,如果接地点安排不当,也会造成严重的干扰。图 4.3 为某一台电子设备的放大器,由前置放大级和功率放大级组成。当接地点如图中实线所示时,功率级的输出电流是比较大的,此电流通过导线产生的压降,与电源电压一起作用于前置级,引起扰动,甚至产生振荡。又因负载电流流回电源时,会造成机壳(地)与电源负端之间电压波动,而前置放大级的输入端接到这个不稳定的"地"上,将引起更为严重的干扰。如将接地点改成图中虚线所示,则可克服上述弊端。

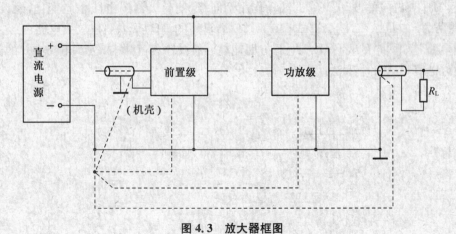

图 4.3　放大器框图

4.3　自激振荡的消除

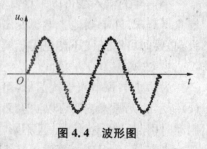

图 4.4　波形图

　　检查放大器是否发生自激振荡,可以把输入端短路,用示波器(或毫伏表)接在放大器的输出端观察波形,如图 4.4 所示。自激振荡和噪声的区别是:自激振荡的频率一般为比较高的或极低的数值,而且频率随着放大器元件参数不同而改变(甚至拨动一下放大器内部导线的位置,频率也会改变);振荡波形一般是比较规则的,幅度也较大,往往使三极管处于饱和和截止状态。

　　高频振荡主要是由于安装、布线不合理引起的。例如输入和输出线靠的太近,产生正反馈作用。对此应从安装工艺方面解决,如元件布置紧凑、接线要短等。也可以用一个小电容(如 1 000 pF 左右)一端接地,另一端逐级接触管子的输入端,或电路中合适部位,找到抑制振荡最灵敏的一点(即电容接此点时,自激振荡消失),在此处外接一个合适的电阻电容或单一电容(一般在 100 pF～0.1 μF,由试验决定),进行高频滤波或负反馈,以压低放大电路对高频信号的放大倍数或移动高频电压的相位,从而抑制高频振荡(见图 4.5)。

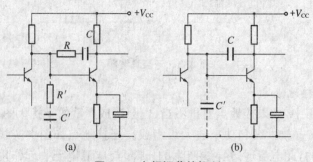

图 4.5　交频振荡的抑制

　　低频振荡是由于各级放大电路共用一个直流电源所引起。如图 4.6 所示,因为电源总有一定的内阻 R_0,特别是电池用的时间过长或稳压电源质量不高,使得内阻 R_0 比较大时,则会引起 V_{cc} 处电位的波动。V_{cc} 的波动作用到前级,使前级输出电压相应变化,经放大后,使波动更厉害,如此循环,就会造成振荡现象。最常用的消除办法是在放大电路各级之间加上"去耦电路",如图中的 R 和 C,从电源方面使前后级减小相互影响。去耦电路中 R 的值一般为几百欧,电容 C 选几十微法或更大一些。

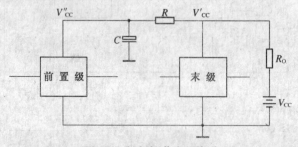

图 4.6　低频振荡去耦电路

5　实验要求

(1) 实验前,要求认真预习。预习要求如下:

① 认真阅读实验指导书,分析、掌握实验电路的工作原理,并进行必要的估算。

② 熟悉实验任务。

③ 复习实验中所用各仪器的使用方法及注意事项。

(2) 实验时要认真接线、仔细检查,确定无误后才能接通电源,初次操作或没有把握时应经指导教师审查同意后再接通电源。

(3) 实验时应注意观察,若发现有破坏性异常现象,例如有元件冒烟、发烫或有异味时,应立即关断电源,保持现场,报告指导教师;找出原因,排除故障,经指导教师同意后再继续实验。

(4) 实验过程中需改接线路时,应切断电源后才能拆、接线。

(5) 实验过程中应仔细观察实验现象,认真记录实验结果(数据、波形、现象)。所记录的实验结果需经指导教师审阅签字后再拆除实验线路。

(6) 实验结束后,必须切断电源,并将仪器、设备、工具、导线等按规定位置放置。

(7) 实验后每个学生必须按要求独立完成实验报告。每个实验结束后,必须及时撰写实验报告。报告内容应包括实验名称、实验目的、实验仪器(注明仪器名称、型号)、实验电路、实验内容和步骤、实验结果及分析、思考题解答以及实验指导书中规定的其他要求,每份实验报告上还要写上实验日期并附有原始记录数据。实验报告要求书写工整、文字通顺、图表和曲线整洁。

第2篇 模拟电子技术实验

实验1 常用电子仪器、仪表的使用

一、实验目的

掌握电子电路中常用仪器、仪表的功能及其正确使用方法。

二、实验原理

在模拟电子实验中,用来调试电路动、静态特性与工作状况的最常用仪器仪表有:示波器、函数信号发生器、频率计、交流毫伏表、万用表、(可调、固定)直流稳压电源、直流数字电压表、直流数字电流表等。在实验中,要求能够对各仪器仪表进行正确、熟练的综合使用与操作,这是保证实验正确顺利进行的基本前提。

在需要进行实验测试时,可按信号的流向,遵循"连线简捷、调节顺手、观察与读数方便"的原则,进行合理布局,将多个测试仪器仪表同时接入电路。为防止外界干扰信号的影响,在接线时应注意将各仪器仪表的公共端接在一起,即为"共地"。信号源与交流毫伏表的信号引线均为屏蔽线或专用电缆线,示波器接线为专用电缆线,直流电源的接线通常为普通导线。

三、实验设备

(1) 双踪示波器　　　　　　　　(2) 函数信号发生器
(3) 频率计　　　　　　　　　　(4) 交流毫伏表
(5) 可调直流稳压电源　　　　　(6) 直流数字电压表

四、实验内容

(1) 可调直流稳压电源与直流数字电压表的配合使用

① 用直流数字电压表和单个 $0\sim18$ V 可调直流稳压电源配合调试出"+12 V"直流稳压电源。

② 通过两个 $0\sim18$ V 可调直流稳压电源连接获得"±12 V"的正负对称直流稳压电源。
[提示:两电源串联,公共端接地]

③ 通过两个 $0\sim18$ V 可调直流稳压电源连接获得"+24 V"直流稳压电源。

［提示：两电源串联，令第二个 0～18 V 可调直流稳压电源的负极端接地］

（2）函数信号发生器、频率计、交流毫伏表的配合使用

要求通过调节函数信号发生器的幅度调节旋钮、频率调节旋钮以及通过交流毫伏表、频率计的测试，获得一个有效值 $U=500$ mV，频率 $f=1$ kHz 的正弦波信号。

（3）双踪示波器、函数信号发生器、频率计、交流毫伏表的配合使用

① 双踪示波器的调试

将双踪示波器接通电源、预热一段时间后，荧光显示屏上应显示一条扫描光迹线，通过调节灰度、聚焦、垂直位移旋钮、水平位移旋钮使其清晰的显示于显示屏的水平中性线位置。

② 机内校准方波信号测试

用双踪示波器机内校准方波信号（YB4320 型双踪示波器机内校准方波：$f=1$ kHz ±0.02 kHz，$U_{P-P}=0.5$ V±0.15 V）对示波器进行性能自检。

将机内校准方波信号输出端通过示波器专用电缆线与任一信号输入通道相连接，通过调节"T/div"旋钮及其微调旋钮、"V/div"旋钮及其微调旋钮以及垂直位移旋钮、水平位移旋钮等，使显示屏上呈现出清晰的、便于观察的两个或几个周期的方波信号。

将"T/div"旋钮的微调旋钮沿顺时针方向旋至最紧，来读取并计算校准方波的周期，并换算为频率，记入表 1.1；

将"V/div"旋钮的微调旋钮沿顺时针方向旋至最紧，来读取并计算校准方波的峰峰值，记入表 1.1。

表 1.1 示波器机内校准方波参数测试

项 目	标定值	测试值
峰峰值 U_{P-P}	0.5 V	
频率 f	1 kHz	

③ 调节函数信号发生器波形选择键，分别得到正弦波、三角波和方波，通过示波器进行波形显示。

④ 用函数信号发生器输出频率 f 分别为 100 Hz、1 kHz、5 kHz（利用频率计调试获得），对应有效值分别为 100 mV 、300 mV、1 V（利用交流毫伏表测试获得）的正弦交流信号，通过双踪示波器进行周期、频率、峰峰值、有效值的读取或计算，完成表 1.2。

表 1.2 不同参数值正弦信号测试

信号频率	示波器测量值		交流毫伏表测量值	示波器测量值	
	周期(ms)	频率(Hz)		峰峰值(V)	有效值(V)
100 Hz			100 mV		
1 kHz			300 mV		
5 kHz			1 V		

五、实验报告要求

（1）整理实验数据，并进行误差分析。

（2）总结函数信号发生器、频率计、交流毫伏表、示波器在使用中的注意事项。

（3）总结交流毫伏表读数技巧以及示波器峰峰值与周期的读取方法。

六、思考题

（1）"双踪示波"有何作用？如何实现？

（2）示波器开通电源、预热一段时间后，仍不见显示扫描光迹线，可能原因有哪些？如何调试？

（3）示波器开通电源、预热一段时间后，只显示一高亮度的光点，原因何在？如何调试？

（4）如何使示波器显示屏上连续移动的波形实现稳定显示？

实验 2　常用电子元器件的识别与检测

一、实验目的

（1）学会识别电阻、电容、二极管、三极管的常见类型、外观和相关标识。

（2）掌握使用万用表等仪表检测电阻、电容、二极管、三极管性能的一般方法。

二、实验原理

本实验内容涉及的电子元器件识别与检测方法均详见第 1 篇第 3 章常用元器件的识别及检测。

三、实验设备与器件

（1）万用表　　　　　　　　　　　（2）不同类型的电阻、电容、二极管、三极管

四、实验内容

（1）电阻标称阻值的辨识以及实际阻值的测量，完成表 2.1。

（2）电容类型、极性识别以及漏电阻的检测，完成表 2.2。

（3）二极管极性判断与性能检测，完成表 2.3。

（4）三极管类型判断与性能检测，完成表 2.4。

表 2.1　电阻阻值的识别与检测

序列号	电阻标注色环颜色 （按色环顺序）	标称阻值及误差 （由色环写出）	万用表欧姆挡 挡位选择	测量阻值 （万用表）
1				
2				
3				
4				

表 2.2　电解电容容值识别以及漏电阻的检测

序列号	标称容值	万用表挡位选择	实测绝缘电阻 （漏电阻）
1			
2			

表 2.3　二极管极性与性能判断

序列号	型号标注	万用表挡位选择	正向电阻	万用表挡位选择	反向电阻	性能优、劣判断
1						
2						

表 2.4　三极管类型与性能检测

序列号	类型	万用表挡位	b−e电阻	万用表挡位	e−b电阻	万用表挡位	b−c电阻	万用表挡位	c−b电阻	h_{FE}	性能判断
1											
2											

五、实验报告要求

（1）整理实验数据，并进行误差分析。

（2）总结利用万用表检测电阻、电容、二极管、三极管性能的一般方法。

六、思考题

（1）如何利用万用表检测三极管两参数：h_{FE}、I_{CEO}？

（2）电解电容与普通电容在使用上有哪些区别？

（3）色环标注法辨识电阻阻值的局限性有哪些？

（4）指针式万用表与数字式万用表在使用上的差别有哪些？

实验 3　晶体管共射放大电路

一、实验目的

(1) 掌握分立电子电路的连接与调试方法。

(2) 学习晶体管共射放大电路静态工作点（Q 点）的调试方法，分析 Q 点的设置对放大电路性能的影响。

(3) 掌握放大电路主要动态参数的测试方法，分析其动态性能。

二、实验原理

(1) 实验电路工作原理说明

本次实验所用实验电路为阻容耦合分压式电流负反馈 Q 点稳定电路，如图 3.1 所示。它通过电路中的发射极电阻 R_e 引入直流负反馈：当因环境温度变化导致输出回路中的 I_{CQ} 参量变化时，会由于 R_e 的存在，将 I_{CQ} 电流的变化转化为 U_{EQ} 电压的变化；由于电路特殊的分压结构和电阻参数取值，令 U_{BQ} 基本保持不变，则势必导致 U_{BEQ} 的反趋势变化，进而导致 I_{BQ} 的反趋势变化，最终导致 I_{CQ} 的反趋势变化，从而抑制了 I_{CQ} 因受环境温度变化影响所导致的数值波动。

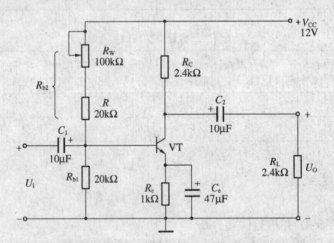

图 3.1　阻容耦合分压式电流负反馈 Q 点稳定电路

(2) 电路主要静态参量估算公式

估算条件：$I_1 \gg I_{BQ}$，U_{BEQ} 视为已知值。

$$U_{BQ} \approx \frac{R_{b1}}{R_{b1} + R_{b2}} V_{CC}$$

$$I_{EQ} = \frac{U_{BQ} - U_{BEQ}}{R_e}，近似计算时 I_{CQ} \approx I_{EQ}$$

$$U_{CEQ} \approx V_{CC} - I_{CQ}(R_C + R_e)$$

否则,可利用公式 $I_{BQ} = \dfrac{I_{EQ}}{1+\beta}$。

由 I_{BQ} 可得 I_{CQ},从而求得 U_{CEQ}。

(3) 电路主要动态参数求解公式

$$\dot{A}_u = \frac{\dot{U}_O}{\dot{U}_I} = -\frac{\beta R_L'}{r_{be}}(R_L' = R_c \ /\!/ \ R_L)$$

$$R_I = \frac{U_I}{I_I} = R_{b1} \ /\!/ \ R_{b2} \ /\!/ \ r_{be}$$

$$R_O = R_c$$

$$R_O = R_c$$

对于输入电阻 R_I 和输出电阻 R_O 的取值可借助于具体的实验电路分别予以估测。

① 输入电阻 R_I 的测量

为测量输入电阻 R_I,可按如图 3.2 所示电路在被测放大电路的输入端与信号源之间串接入一个已知阻值的电阻 R,在放大电路正常工作的前提下,分别测出 U_s 和 U_I。根据输入电阻 R_I 的定义式可推导:

$$R_I = \frac{U_I}{I_I} = \frac{U_I}{\dfrac{U_R}{R}} = \frac{U_I}{U_s - U_I}R$$

在测量 U_R 时应注意:

由于电阻 R 两端没有电路公共接地点,所以必须要分别测出 U_s 和 U_I,然后根据 $U_R = U_s - U_I$ 求取 U_R。此外,电阻 R 的阻值不宜取的过大或过小,以免产生较大的测量误差,通常取 R 阻值与 R_I 阻值为同一数量级最佳,本实验可令 $R = 1 \sim 2 \ \mathrm{k\Omega}$。

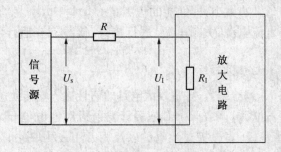

图 3.2　输入电阻 R_I 测量电路

② 输出电阻 R_O 的测量

为测量输出电阻 R_O,可按如图 3.3 所示电路在放大电路正常工作前提下,测出输出端不接负载时的输出电压 U_O 和接上负载后的输出电压 U_L,然后根据公式:

$$U_L = \frac{R_L}{R_O + R_L}U_O$$

即可求出:

$$R_O = \left(\frac{U_O}{U_L} - 1\right)R_L$$

在此测试过程中应注意,必须保持 R_L 接入前后输入信号的大小不变。

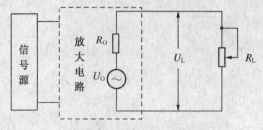

图 3.3　输出电阻 R_O 测量电路

三、实验设备与器件

(1) +12 V 直流电源　　　　　　　(2) 函数信号发生器
(3) 双踪示波器　　　　　　　　　(4) 交流毫伏表
(5) 直流电压表　　　　　　　　　(6) 频率计
(7) 万用表
(8) 晶体三极管 3DG6 型(或 9013 型)×1(β＝50～100)
(9) 电解电容×3(10 μF×2、47 μF×1)

四、实验内容

(1) 连接如图 3.1 所示电路
① 确定三极管的引脚排列;用万用表判断三极管性能的优劣;区分电解电容的引脚极性,用万用表判断其漏电流的大小,即性能的优劣。
② 调试出+12 V 直流电源,关断电源,进行接线;接线完毕后,经仔细检查无误后再接通电源调试电路。
(2) 静态工作点的测试
① 接通电源前,将 R_W 调至最大,并将放大电路的信号输入端与地短接,即令 U_I＝0 V;
② 接通+12 V 直流电源,调节 R_W,令三极管发射极对地电位 U_{EQ}＝2.0 V,然后用直流电压表分别测试三极管基极、集电极对地电位以及用万用表测取此时 R_{b2} 对应阻值,填入表 3.1(注意:测取 R_W 阻值时一定要断开它与电路的连接)。

表 3.1　静态工作点的测试

测 量 值				计算值(理论值)		
$U_{EQ}(V)$	$U_{BQ}(V)$	$U_{CQ}(V)$	$R_{b2}(K\Omega)$	$U_{BEQ}(V)$	$U_{CEQ}(V)$	$I_{CQ}(mA)$
2.0						

(3) 动态性能测试
① 电压放大倍数 A_V 的测试
由函数信号发生器提供 f＝1 kHz、U_I＝100 mV 的正弦波信号作为放大电路的输入信

号接入电路,同时用双踪示波器观察输入电压和输出电压信号波形及其相位关系,在输出电压信号波形不失真的前提下,用交流毫伏表测量出三种状态下的输出电压有效值 U_O,完成表 3.2。

表 3.2　电压放大倍数的测试　　　　　　　$(f=1\,\text{kHz},U_I=100\,\text{mV})$

R_C (kΩ)	R_L (kΩ)	U_O (V)	A_V	记录其中一组 U_O 与 U_I 对应波形 (同一坐标系)
2.4	∞			
1.2	∞			
2.4	2.4			

② 静态工作点对电压放大倍数的测试

由函数信号发生器提供 $f=1\,\text{kHz}$、$U_I=100\,\text{mV}$ 的正弦波信号作为放大电路的输入信号,接入电路。令 $R_C=2.4\,\text{k}\Omega$,$R_L=\infty$,调节 R_W,在输出电压波形不失真的前提下,分别测量出几组 U_{EQ} 与 U_O 的对应取值,完成表 3.3(注意:在测量 U_{EQ} 值时,要将放大电路的信号输入端与地短接,即令 $U_I=0$)。

表 3.3　静态工作点对电压放大倍数的测试　　　　$(f=1\,\text{kHz},U_I=100\,\text{mV})$

参　数	测　量　值				
R_W(kΩ)					
U_{EQ}(V)					
U_O(V)					
A_V					

③ 最大不失真输出电压 U_{om} 的调试

令 $R_C=R_L=2.4\,\text{k}\Omega$,即将放大电路静态工作点设置于交流负载线的中点位置,然后逐渐增大输入信号幅值,同时调节 R_W,直至输出电压波形的峰顶与谷底同时出现"被削平"现象。然后只反复调节输入信号幅值,使输出电压波形幅值最大且无明显失真,此时对应的输出电压即为最大不失真输出电压 U_{om},用直流电压表和交流毫伏表测量有关参数,完成表 3.4。

表 3.4　最大不失真参数的测试

U_{EQ}	U_I	U_{om}

④ 输入电阻 R_I 的测量

按如图 3.3 所示连接电路,在被测放大电路的输入端与信号源之间串接一电阻 $R=1\,\text{k}\Omega$,令 $R_C=R_L=2.4\,\text{k}\Omega$,$U_{EQ}=2.0\,\text{V}$,输入正弦信号 $f=1\,\text{kHz}$、幅值任意,但要保证输出电压波形不失真。选取一状态,测量出 U_s 和 U_I 的有效值,以计算出 R_I 值,完成表 3.5(Ⅰ)。

⑤ 输出电阻 R_O 的测量

按如图 3.3 所示连接电路,输入回路电路连接情况与步骤④一致,用交流毫伏表分别测出空载时的输出电压 U_O 和加载时的输出电压 U_L,即可计算出 R_O 值,完成表 3.5(Ⅱ)。

表 3.5　输入电阻、输出电阻的测量

Ⅰ				Ⅱ			
U_s (mV)	U_I (mV)	R_I (kΩ)		U_O (V)	U_L (V)	R_O (kΩ)	
		测量值				测量值	
		计算值				计算值	

五、实验报告要求

(1) 整理测量数据。

(2) 分析各表格测试结果所反映出的放大电路动静态特性,总结相关规律。

(3) 将表格中数据的测量值与计算值相比较,进行误差分析。

六、思考题

(1) 在放大电路调试过程中,若输出电压波形只表现为顶部"被削平"的失真现象,原因何在? 应采取怎样的措施消除?

(2) 在放大电路调试过程中,若输出电压波形只表现为底部"被削平"的失真现象,原因何在? 应采取怎样的措施消除?

(3) 在放大电路调试过程中,若输出电压波形表现为顶部与底部同时"被削平"的失真现象,原因何在? 应采取怎样的措施消除?

(4) 如何设置放大电路静态工作点,可获得最大不失真输出电压?

实验 4　场效应管共源极放大电路

一、实验目的

(1) 了解结型场效应管的性能和特点。

(2) 掌握场效应管放大电路动、静态参数的测试方法。

二、实验原理

场效应管是一种电压控制型器件,按结构可分为结型和绝缘栅型两种类型。由于场效应管栅源之间处于绝缘或反向偏置,所以输入电阻很高(一般可达上百兆欧);又由于场效应管是一种多数载流子控制器件,因此热稳定性好、抗辐射能力强、噪声系数小;加之制造工艺较简单、便于大规模集成,因此得到越来越广泛的应用。

(1) 结型场效应管的特性和参数

场效应管的特性主要有输出特性和转移特性。N 沟道结型场效应管 3DJ6F 的直流参数主要有饱和漏极电流 I_{DSS}、夹断电压 U_P 等;交流参数主要有低频跨导 g_m:

$$g_m = \frac{\Delta I_D}{\Delta U_{GS}} | U_{DS} = 常数$$

3DJ6F 的典型参数值及测试条件见表 4.1。

表 4.1　3DJ6F 的典型参数值

参数名称	饱和漏极电流 I_{DSS} (mA)	夹断电压 U_P (V)	跨　导 g_m (μA/V)
测试条件	$U_{DS}=10$ V $U_{GS}=0$ V	$U_{DS}=10$ V $I_{DS}=50$ μA	$U_{DS}=10$ V $I_{DS}=3$ mA $f=1$ kHz
参　数　值	$1\sim3.5$	$<|-9|$	>100

(2) 场效应管放大电路性能分析

图 4.1 为结型场效应管组成的共源极放大电路。

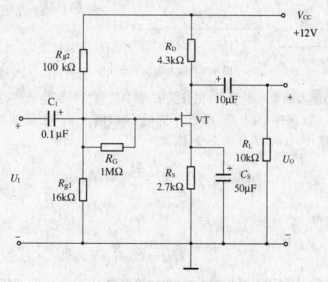

图 4.1　结型场效应管共源极放大电路

其静态工作点:

$$U_{GS} = U_G - U_S = \frac{R_{g1}}{R_{g1} + R_{g2}} V_{CC} - I_D R_S$$

$$I_D = I_{DSS} (1 - \frac{U_{GS}}{U_P})^2$$

中频电压放大倍数:

$$A_V = -g_m R'_L = -g_m (R_D /\!/ R_L)$$

输入电阻：

$$R_I = R_G + R_{g1} \mathbin{/\mkern-5mu/} R_{g2}$$

输出电阻：

$$R_O \approx R_D$$

式中，跨导 g_m 可由特性曲线用作图法求得，或用公式 $g_m = -\dfrac{2I_{DSS}}{U_P}\left(1 - \dfrac{U_{GS}}{U_P}\right)$ 计算得。但要注意，计算时 U_{GS} 要用静态工作点数值。

（3）输入电阻的测量

场效应管放大器的静态工作点、电压放大倍数和输出电阻的测量方法，与实验 3 "晶体管共射放大电路"的测量方法相同。其输入电阻的测量，从原理上讲，也可采用实验 3 中所述方法；但由于场效应管的 R_I 比较大，如直接测输入电压 U_S 和 U_I，则限于测量仪器的输入电阻有限，必然会带来较大的误差。为了减小误差，常利用被测放大器的隔离作用，通过测量输出电压 U_O 来计算输入电阻。测量电路如图 4.2 所示。

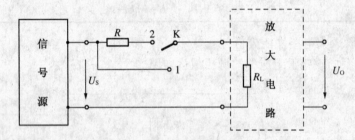

图 4.2　输入电阻测量电路

在放大电路的输入端串入电阻 R，把开关 K 掷向位置"1"（即使 $R=0$），测量放大电路的输出电压 $U_{O1}=A_VU_S$；保持 U_S 不变，再把 K 掷向 2（即接入 R），测量放大电路的输出电压 U_{O2}。由于两次测量中 A_V 和 U_S 保持不变，因此：

$$U_{O2} = A_V U_I = \frac{R_I}{R + R_I} U_S A_V$$

由此可以求出：

$$R_I = \frac{U_{O2}}{U_{O1} - U_{O2}} R$$

注意：式中 R 和 R_I 阻值不要相差太大，本实验可取 $R=100\sim200$ kΩ。

三、实验设备与器件

（1）+12 V 直流电源　　　　　　（2）函数信号发生器
（3）双踪示波器　　　　　　　　（4）交流毫伏表
（5）直流电压表　　　　　　　　（6）结型场效应管 3DJ6F×1
（7）电阻、电容若干

四、实验内容

（1）静态工作点的测量

接图 4.1 连接电路，令 $U_i＝0$，接通＋12 V 电源，用直流电压表测量 U_G、U_S 和 U_D，把结果记入表 4.2。

表 4.2　静态工作点的测量

测　量　值						计　算　值		
U_G(V)	U_S(V)	U_D(V)	U_{DS}(V)	U_{GS}(V)	I_D(mA)	U_{DS}(V)	U_{GS}(V)	I_D(mA)

（2）电压放大倍数 A_V、输入电阻 R_I 和输出电阻 R_O 的测量

① A_V 和 R_O 的测量

在放大电路的输入端加入 $f＝1$ kHz 的正弦信号 $U_i≈50～100$ mV，并用示波器观察输出电压 U_O 的波形。在输出电压 U_O 没有失真的条件下，用交流毫伏表分别测量 $R_L＝∞$ 和 $R_L＝10$ kΩ 时的输出电压 U_O（注意：保持 U_I 幅值不变），记入表 4.3。

表 4.3　A_V、R_I 和 R_O 的测量

项　目	测　量　值				计　算　值		U_I 和 U_O 波形
	U_i(V)	U_O(V)	A_V	R_O(kΩ)	A_V	R_O(kΩ)	
$R_L＝∞$							
$R_L＝10$ kΩ							

② R_I 的测量

按图 4.2 连接实验电路，选择合适大小的输入电压 $U_S≈50～100$ mV，将开关 K 掷向"1"，测出 $R＝0$ 时的输出电压 U_{O1}；然后将开关掷向"2"，（接入 R），保持 U_S 不变，再测出 U_{O2}，根据公式：

$$R_I = \frac{U_{O2}}{U_{O1} - U_{O2}} R$$

求出 R_I，记入表 4.4。

表 4.4　R_I 的测量

测　量　值			计　算　值
U_{O1}(V)	U_{O2}(V)	R_I(kΩ)	R_I(kΩ)

五、实验报告要求

（1）整理实验数据，将测得的 A_V、R_I、R_O 和理论计算值进行比较。

（2）把场效应管放大电路与晶体管放大电路进行比较，总结场效应管放大电路的特点。

六、思考题

（1）场效应管放大电路输入回路的电容 C_1 为什么可以取得小一些（如取 $C_1 = 0.1\ \mu F$）？

（2）在测量场效应管静态工作电压 U_{GS} 时，能否将直流电压表直接并接在 G、S 两端测量？为什么？

（3）为什么测量场效应管输入电阻时要用测量输出电压的方法？

实验 5　差动放大电路

一、实验目的

掌握差动放大电路主要性能指标的测试方法。

二、实验原理

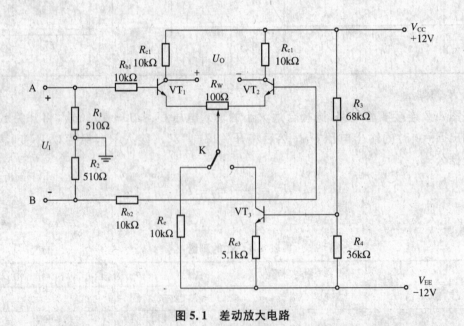

图 5.1　差动放大电路

如图 5.1 所示电路是差动放大电路,它由两个元件参数相同的基本共射放大电路组成。当开关 K 拨向左边时,构成典型的长尾式差动放大电路。调零电位器 R_W 来调节 VT_1、VT_2 管的静态工作点,令其参数左右对称,当输入信号 $U_I = 0$ 时,使得双端输出电压 $U_O = 0$。R_e 为两个三极管共用的发射极电阻,它对差模信号无负反馈作用,因而不影响差模电压放大倍数;但对共模信号有较强的负反馈作用,故可以有效地抑制零漂,稳定静态工作点。当开关 K 拨向右边时,构成典型的恒流源式差动放大电路,它用三极管恒流源代替发射极电阻,可进一步提高差动放大电路对共模信号的抑制能力。

三、实验设备与器件

(1) ±12 V 直流电源　　　　　　　(2) 函数信号发生器
(3) 双踪示波器　　　　　　　　　　(4) 交流毫伏表
(5) 直流电压表　　　　　　　　　　(6) 频率计
(7) 万用表
(8) 晶体三极管 3DG6 型(或 9011 型)
　　×3(β 值用万用表 h_{FE} 挡进行测量)

四、实验内容

(1) 按照如图 5.1 所示电路连线,将开关 K 拨向左边构成长尾式差动放大电路。

(2) 静态工作点的测试

① 差动放大电路调零。将放大电路两个输入端对地短接,接通 ±12 V 直流电源,用示波器观察输出电压波形,调节调零电位器,令输出电压动态幅值最小。

② 零点调好后,用直流电压表测取各点静态电位以及电阻 R_E 两端直流电压 U_{RQ},完成表 5.1。

表 5.1　静态工作点的测试

测　量　值							计　算　值		
U_{CQ1} (V)	U_{BQ1} (V)	U_{EQ1} (V)	U_{CQ2} (V)	U_{BQ2} (V)	U_{EQ2} (V)	U_{RQ} (V)	I_{CQ} (mA)	I_{BQ} (mA)	U_{CEQ} (V)

(3) 差模增益测试

暂时断开 ±12 V 直流电源,将函数信号发生器输出端接差动放大电路输入端 A,地端接差动放大电路输入端 B(注意:信号源此时处于"浮地"状态),对差动放大电路构成差模信号输入方式。然后接通 ±12 V 直流电源,逐渐增大输入的正弦波信号的幅值,在输出波形不失真情况下,用交流毫伏表测量电压 U_I、U_{c1}、U_{c2},记入表 5.2 中,并观察、画出 U_I 与 U_{c1}、U_I 与 U_{c2} 对应的波形图。

(4) 共模增益测试

将差动放大电路输入端 A、B 短接,信号源接在 A 端与地之间,则构成差动放大电路共模信号输入方式。令输入信号 $f = 1$ kHz、$U_I = 100$ mV,在输出波形不失真情况下,用交流

毫伏表测量电压 U_{c1}、U_{c2}，记入表 5.2 中，并观察、画出对应的 U_I 与 U_{c1}、U_I 与 U_{c2} 波形图。

　　(5) 恒流源差动放大电路性能测试

　　将如图 5.1 所示电路中的开关 K 拨向右边，构成恒流源差动放大电路。之后重复步骤 (2)～(4)，完成表 5.2。

表 5.2　测试参数

测试参数	长 尾 式		恒 流 源 式	
	差模输入	共模输入	差模输入	共模输入
U_I				
U_{c1}				
U_{c2}				
$A_{d1} = U_{c1}/U_I$				
$A_d = U_O/U_I$				
$A_{c1} = U_{c1}/U_I$				
$A_c = U_O/U_I$				
$K_{CMRR} = \left\| \dfrac{A_{d1}}{A_{c1}} \right\|$				

五、实验报告要求

　　(1) 整理实验数据，将测试数据与公式估算的数据相比较，分析误差原因。

　　(2) 分析比较 U_I、U_{c1}、U_{c2} 三个波形之间的相位关系。

　　(3) 总结差动放大电路的电路特性。

　　(4) 分析比较电阻 R_E 与恒流源的作用差别。

六、思考题

　　若将该实验电路改为单端输出方式，所要测试的数据是否发生变化？

实验 6　模拟运算电路

一、实验目的

　　(1) 了解集成运算放大器在实际应用时应考虑的问题。

　　(2) 掌握由集成运算放大器构成的比例、加法、减法等基本模拟运算电路的结构特性。

二、实验原理

集成运算放大器(集成运放)的构成实质是一个双端输入、单端输出,具有高差模放大倍数、高输入电阻、低输出电阻,能够较好抑制温漂的差动放大电路,当其工作于线性状态时,可组成比例、加减、积分、微分、对数、指数等模拟运算电路。

型号为 741 的集成运放的示意图与图形符号如图 6.1 所示。

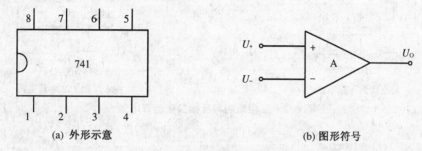

(a) 外形示意　　　　　　　　　　　　(b) 图形符号

图 6.1　741 外形示意与图形符号

各引脚功能介绍:

"2"——反相输入端,若信号由此端引入,输出电压与输入电压反相;

"3"——同相输入端,若信号由此端引入,输出电压与输入电压同相;

"7"——正工作电源引入端;

"4"——负工作电源引入端;

"6"——信号输出端;

"1"与"5"——调零电位器接线端,分别接两个固定端,中间滑动端接"4";

"8"——空脚。

(1) 反相比例运算电路

基本电路结构如图 6.2(a)所示,它的输出电压与输入电压之间成比例关系,相位相反。

输入与输出电压之间对应公式为: $U_O = -\dfrac{R_F}{R_1}U_I$。

(2) 反相加法运算电路

基本电路结构如图 6.2(b)所示,它的输出电压等于所有输入电压按不同比例相加之和,相位相反。输入与输出电压之间对应公式为: $U_O = -\left(\dfrac{R_F}{R_1}U_{I1} + \dfrac{R_F}{R_2}U_{I2}\right)$。

(3) 同相比例运算电路

基本电路结构如图 6.3(a)所示,它的输出电压与输入电压之间成比例关系,相位相同。

输入与输出电压之间对应公式为: $U_O = \left(1 + \dfrac{R_F}{R_1}\right)U_I$。

(4) 电压跟随器

从电路构成实质上讲,电压跟随器为同相比例运算电路的构成特例,当 $R_1 = \infty$ 时, $U_O = U_I$,电路结构如图 6.3(b)所示。

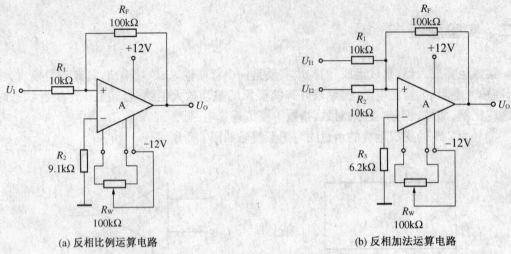

(a) 反相比例运算电路　　　　　　　　(b) 反相加法运算电路

图 6.2　反相比例与反相加法运算电路

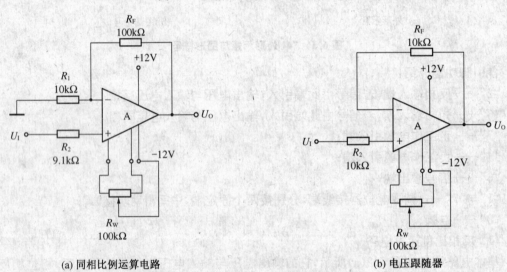

(a) 同相比例运算电路　　　　　　　　(b) 电压跟随器

图 6.3　同相比例运算电路与电压跟随器

（5）差分比例运算电路

　　差分比例运算电路是加减运算电路的构成特例，电路结构如图 6.4 所示。输入与输出电压之间对应公式为：$U_O = \dfrac{R_F}{R_1}(U_{I2} - U_{I1})$。

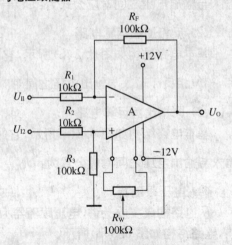

图 6.4　差分比例运算电路

三、实验设备与器件

(1) ±12 V 直流电源　　　　　　　　　(2) 函数信号发生器
(3) 双踪示波器　　　　　　　　　　　(4) 交流毫伏表
(5) 直流电压表　　　　　　　　　　　(6) 频率计
(7) 万用表　　　　　　　　　　　　　(8) 集成运放 741×1
(9) −5~+5 V 可调直流信号源×2

四、实验内容

(1) 反相比例运算电路

① 按照如图 6.2(a)所示电路连线,接通 ±12 V 直流电源,将输入端对地短接,进行调零。

② 输入端引入 $f=100$ Hz、$U_I=100$ mV 的正弦交流信号,测量对应的 U_O,并用示波器观察 U_O、U_I 的相位关系,完成表 6.1。

表 6.1　反相比例运算电路的测量

参　数		U_I 波形/U_O 波形(同一坐标系)	电压增益 A_V	
U_I(V)	U_O(V)		实测值	计算值
100 mV				

(2) 同相比例运算电路

按照如图 6.3(a)所示电路连线,接通 ±12 V 直流电源,输入端引入 $f=100$ Hz、$U_I=100$ mV 的正弦交流信号,测量对应的 U_O,并用示波器观察 U_O、U_I 的相位关系,完成表 6.2。

表 6.2　同相比例运算电路的测量

参　数		U_I 波形/U_O 波形(同一坐标系)	电压增益 A_V	
U_I(V)	U_O(V)		实测值	计算值
100 mV				

(3) 电压跟随器

按照如图 6.3(b)所示电路连线,接通 ±12 V 直流电源,输入端引入 $f=100$ Hz、$U_I=100$ mV 的正弦交流信号,测量对应的 U_O,并用示波器观察 U_O、U_I 的相位关系,完成表 6.3。

表 6.3　电压跟随器的测量

参　数		U_I 波形/U_O 波形(同一坐标系)	电压增益 A_V	
U_I(V)	U_O(V)		实测值	计算值
100 mV				

（4）反相加法运算电路

按照如图 6.2(b)所示电路连线，接通±12 V 直流电源，电路输入端分别与－5～＋5 V 可调直流信号源相接，根据表 6.4 所示数据进行调试测量。

表 6.4　反相加法运算电路的测量

U_{I1}(V)	0.25	0.30	0.35	0.40
U_{I2}(V)	0.15	0.20	0.25	0.30
U_{O}(V)				

（5）差分比例运算电路

按照如图 6.4 所示电路连线，接通±12 V 直流电源，电路输入端分别与－5～＋5 V 可调直流信号源相接，根据表 6.5 所提供数据进行测量。

表 6.5　差分比例运算电路的测量

U_{I1}(V)	0.35	0.35	0.40	0.40
U_{I2}(V)	0.15	0.20	0.25	0.30
U_{O}(V)				

五、实验报告要求

（1）整理实验数据，将测试数据与公式估算的数据相比较，分析误差原因。
（2）总结本次实验中五种运算电路的特点与性能。
（3）总结集成运放在实际应用时应该注意的事项。

六、思考题

（1）若在实验中，不论如何设置集成运放两个输入端信号值大小，其输出电压绝对值一直保持 10 V 以上的某个固定值不变，原因何在？
（2）如果在实验中，集成运算放大器不能很好的调零，存在的可能原因有哪些？

实验 7　有源滤波器

一、实验目的

（1）熟悉用集成运放、电阻和电容组成有源低通滤波、高通滤波和带通、带阻滤波器。
（2）学会测量有源滤波器的幅频特性。

二、实验原理

由 RC 元件与运算放大器组成的滤波器称为 RC 有源滤波器,其功能是让一定频率范围内的信号通过,抑制或急剧衰减此频率范围以外的信号。可用在信息处理、数据传输、抑制干扰等方面。但因受运算放大器频带限制,这类滤波器主要用于低频范围。根据频率范围的选择不同,可分为低通(LPF)、高通(HPF)、带通(BPF)与带阻(BEF)等四种滤波器。

具有理想幅频特性的滤波器是很难实现的,只能让实际的幅频特性逼近理想的。一般来说,滤波器的幅频特性越好,其相频特性越差,反之亦然。滤波器的阶数越高,幅频特性衰减的速率越快,但 RC 网络的节数越多,元件参数计算越繁琐,电路调试越困难。任何高阶滤波器均可以用较低的二阶 RC 有滤波器级联实现。

(1) 低通滤波器(LPF)

低通滤波器用于通过低频信号衰减或抑制高频信号。

如图 7.1 所示为典型的二阶有源低通滤波器。它由两级 RC 滤波环节与同相比例运算电路组成,其中第一级电容 C 接至输出端,引入适量的正反馈,以改善幅频特性。

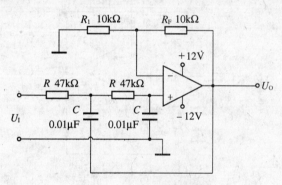

图 7.1　二阶低通滤波器

二阶低通滤波器的通带增益:

$$A_{up} = 1 + \frac{R_F}{R_1}$$

截止频率:二阶低通滤波器通带与阻带的界限频率:

$$f_0 = \frac{1}{2\pi RC}$$

品质因数:其大小影响低通滤波器在截止频率处幅频特性的形状:

$$Q = \frac{1}{3 - A_{up}}$$

(2) 高通滤波器(HPF)

与低通滤波器相反,高通滤波器用于通过高频信号,衰减或抑制低频信号。

只要将图 7.1 低通滤波电路中起滤波作用的电阻、电容互换,即可变成二阶有源高通滤波器,如图 7.2 所示。高通滤波器性能与低通滤波器相反,其频率响应和低通滤波器是"镜像"关系,仿照 LPH 分析方法,不难求得 HPF 的幅频特性。

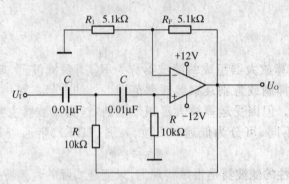

图 7.2　二阶高通滤波器

电路性能参数 A_{uP}、f_0、Q 各量的含义同二阶低通滤波器。

（3）带通滤波器（BPF）

带通滤波器的作用是只允许某个通频带范围内的信号通过，而比通频带下限频率低和比其上限频率高的信号均加以衰减或抑制。

典型的带通滤波器可以将二阶低通滤波器中的一级改成高通而制成，如图 7.3 所示。

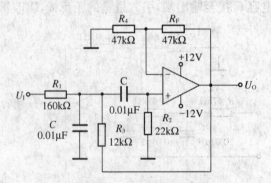

图 7.3　二阶带通滤波器

通带增益：

$$A_{up} = \frac{R_4 + R_F}{R_4 R_1 CB}$$

中心频率：

$$f_0 = \frac{1}{2\pi}\sqrt{\frac{1}{R_2 C^2}\left(\frac{1}{R_1} + \frac{1}{R_3}\right)}$$

通带宽度：

$$B = \frac{1}{C}\left(\frac{1}{R_1} + \frac{2}{R_2} - \frac{R_F}{R_3 R_4}\right)$$

品质因数：

$$Q = \frac{\omega_0}{B}$$

此电路的优点是改变 R_F 和 R_4 的比例就可改变频宽而不影响中心频率。

（4）带阻滤波器（BEF）

这种电路的性能和带通滤波器相反，即在规定的频带内信号不能通过（或受到很大衰减或抑制），而其余频率范围，信号则能顺利通过。

在双 T 网络后加一级同相比例运算电路就构成了基本的二阶有源 BEF，如图 7.4 所示。

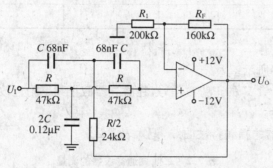

图 7.4 二阶带阻滤波器

通带增益：

$$A_{up} = 1 + \frac{R_F}{R_1}$$

中心频率：

$$f_0 = \frac{1}{2\pi RC}$$

带阻宽度：

$$B = 2(2 - A_{up})f_0$$

品质因数：

$$Q = \frac{1}{2(2 - A_{up})}$$

三、实验设备与器件

(1) ±12 V 直流电源　　　　　　　(2) 交流毫伏表
(3) 函数信号发生器　　　　　　　(4) 频率计
(5) 双踪示波器　　　　　　　　　(6) μA741×1
(7) 电阻、电容若干

四、实验内容

（1）二阶低通滤波器

实验电路如图 7.1 所示。

① 粗测：接通±12 V 电源。U_I 接函数信号发生器，令其输出 $U_I = 1$ V 的正弦波信号，在滤波器截止频率附近改变输入信号频率，用示波器或交流毫伏表观察输出电压幅度的变

化是否具备低通特性;如不具备,应排除电路故障。

②在输出波形不失真的条件下,选取适当幅度的正弦输入信号,在维持输入信号幅度不变的情况下,逐点改变输入信号频率,测量输出电压,记入表 7.1 中,描绘频率特性曲线。

表 7.1　二阶低通滤波器的测量

$f(Hz)$										
$U_O(V)$										

（2）二阶高通滤波器

实验电路如图 7.2 所示。

①粗测:输入 $U_I = 1\ V$ 的正弦波信号,在滤波器截止频率附近改变输入信号频率,观察电路是否具备高通特性。

②测绘高通滤波器的幅频特性曲线,记入表 7.2。

表 7.2　二阶高通滤波器的测量

$f(Hz)$										
$U_O(V)$										

（3）带通滤波器

实验电路如图 7.3 所示,测量其频率特性。

①实测电路的中心频率 f_0。

②以实测中心频率为中心,测绘电路的幅频特性,记入表 7.3。

表 7.3　带通滤波器的测量

$f_0(Hz)$										
$U_O(V)$										

（4）带阻滤波器

实验电路如图 7.4 所示。

①实测电路的中心频率 f_0。

②测绘电路的幅频特性,记入表 7.4。

表 7.4　带阻滤波器的测量

$f_0(Hz)$										
$U_O(V)$										

五、实验报告要求

（1）整理实验数据,画出各电路实测的幅频特性。

（2）根据实验曲线,计算截止频率、中心频率,带宽及品质因数。

（3）总结有源滤波电路的特性。

六、思考题

（1）总结有源滤波电路与无源滤波电路的特性区别。

（2）尝试改变实验电路中部分电阻、电容参数值，以改变滤波电路的截止频率或中心频率。

实验 8　电压比较器

一、实验目的

（1）掌握常见类型电压比较器的构成及特性。

（2）学习电压比较器电压传输特性的测试方法。

二、实验原理

电压比较器是对输入信号进行鉴幅和比较的电路，就是将一个模拟电压信号与一个参考电压信号相比较，当两者相等时，输出电压状态将发生突然跳变。常见的比较器类型有：过零电压比较器、滞回电压比较器、窗口电压比较器等。

（1）过零电压比较器

实验电路如图 8.1(a)所示，其阈值电压 $U_T = 0$，即当输入电压 $U_I = U_T = 0$ 时，其输出电压 U_O 状态将发生跳变：由高电平跳变为低电平或由低电平跳变为高电平。所对应的电压传输特性如图 8.1(b)所示。

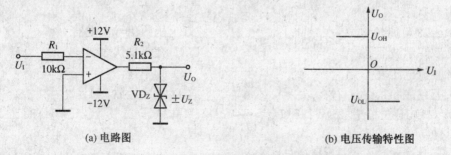

(a) 电路图　　　　　　　　　　　　　　(b) 电压传输特性图

图 8.1　过零比较器

（2）反相滞回比较器

滞回比较器的阈值电压有两个，当输入电压的取值在阈值电压附近时，输出电压状态具有保持原状态的"惯性"。根据输入信号接入端的不同，可分为反相滞回比较器和同相滞回比较器两种。反相滞回比较器所对应的实验电路如图 8.2(a)所示，电压传输特性如图 8.2(b)所示。

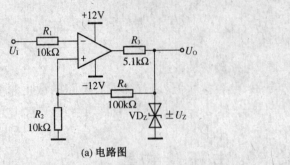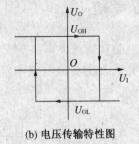

(a) 电路图　　　　　　　　　　　　　(b) 电压传输特性图

图 8.2　反相滞回比较器

（3）窗口比较器

窗口比较器的阈值电压有两个，当输入电压值在两个阈值电压之间时，输出电压所对应的状态将不同于输入电压值高于或低于两个阈值电压时所对应状态。实验电路如图 8.3(a)所示，电压传输特性如图 8.3(b)所示。

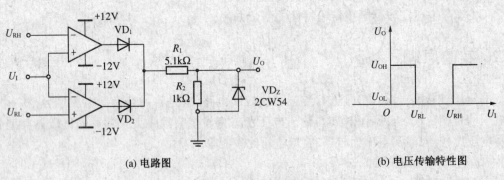

(a) 电路图　　　　　　　　　　　　　　　(b) 电压传输特性图

图 8.3　窗口比较器

三、实验设备与器件

（1）±12 V 直流电源　　　　　　　　（2）函数信号发生器

（3）双踪示波器　　　　　　　　　　（4）交流毫伏表

（5）直流电压表　　　　　　　　　　（6）频率计

（7）万用表　　　　　　　　　　　　（8）集成运放 741×2

（9）双稳压二极管 2DW231（$U_Z \approx 7$ V）×1；单稳压二极管 2CW54；普通二极管 IN4007×2

（10）−5～+5 V 可调直流信号源×2

四、实验内容

（1）过零比较器

① 按照如图 8.1(a)所示电路连线，接通±12 V 直流电源。

② 将 U_I 引入端悬空，用直流电压表测量输出电压。

③ 将 $f=500\,\text{Hz}$、$U_1=2\,\text{V}$ 的正弦波作为输入信号引入,观察输入、输出电压波形,并记录。

④ 改变正弦波输入信号的幅值,观察输出电压的变化。

(2) 滞回比较器

① 按照如图 8.2(a)所示电路连线,接通 ±12 V 直流电源。

② 令信号输入端接"−5~+5 V 可调直流信号源",测出输出电压由高电平跳变为低电平时 U_1 对应取值以及输出电压由低电平跳变为高电平时 U_1 对应取值。

③ 将 $f=500\,\text{Hz}$、$U_1=2\,\text{V}$ 的正弦波作为输入信号引入,观察输入、输出电压波形,并记录。

(3) 窗口比较器

① 按照如图 8.3(a)所示电路连线,接通 ±12 V 直流电源。

② 将 $f=500\,\text{Hz}$、$U_1=5\,\text{V}$ 的正弦波作为输入信号引入,观察输入、输出电压波形,并记录。

五、实验报告要求

(1) 整理实验数据和波形图,根据测试结果,画出三种电路的电压传输特性图。

(2) 分析总结三种类型比较器的结构与特性区别。

六、思考题

三种类型的电压比较器分别具有怎样的实际应用价值? 可应用于怎样的场合?

实验 9　级间负反馈放大电路

一、实验目的

(1) 加深放大电路引入负反馈后对其各项性能影响的理解。

(2) 掌握对反馈放大电路进行性能测试的方法。

二、实验原理

放大电路引入负反馈后,可对电路原有的多方面性能指标产生影响,主要表现为:

(1) 引入负反馈后,降低了电路放大倍数。

(2) 引入负反馈后,提高了电路放大倍数的稳定性。

(3) 引入串联负反馈,增大了输入电阻;引入并联负反馈,减小了输入电阻。

(4) 引入电压负反馈,减小了输出电阻;引入电流负反馈,增大了输出电阻。

(5) 引入负反馈后,可扩展放大电路通频带。

(6) 引入负反馈后,可减小放大电路的非线性失真,抑制干扰和噪声。

注意:负反馈的引入可减小非线性失真、抑制干扰和噪声,均是针对放大电路本身产生的非线性失真和噪声而言的;若输入信号中已有失真或者输入信号中已经寄生有干扰信号,则负反馈的引入对此无影响。

如图 9.1 所示电路为引入级间负反馈的阻容耦合式两级放大电路,其级间反馈类型为电压串联负反馈。它的反馈系数 $F = \dfrac{R_6}{R_6 + R_F}$,闭环增益 $A_{VF} = \dfrac{A_V}{1 + A_V F}$。若视为引入的是深度负反馈则 $A_{VF} \approx \dfrac{1}{F}$。它的输入电阻 $R_{IF} = (1 + A_V F) R_I$,输出电阻 $R_{OF} = \dfrac{R_O}{1 + A_V F}$,$R_I$、$R_O$ 分别为放大电路引入负反馈之前的输入、输出电阻。若要求解未引入负反馈之前的基本放大电路三个参数 A_V、R_I、R_O,必须先求出基本放大电路。本基本放大电路的求解思路如下:因为是电压负反馈,因此将放大电路的输出端交流短路,即令 $U_O = 0$,此时 R_F 相当于与 R_L 并联;因为是串联负反馈,因此将放大电路的输入回路的三极管 VT_1 的发射极开路,这样 R_F 与 R_4 串联之后又与 R_L 并联。

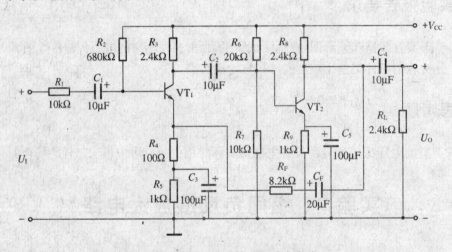

图 9.1 级间负反馈两级放大电路

三、实验设备与器件

(1) +12 V 直流电源　　　　　　　　　(2) 函数信号发生器

(3) 双踪示波器　　　　　　　　　　　(4) 交流毫伏表

(5) 直流电压表　　　　　　　　　　　(6) 频率计

(7) 万用表

(8) 电解电容 10 μF×3、20 μF×1、100 μF×2

(9) 晶体三极管 3DG6 型(或 3DG12 型)×2(β=50~100)

四、实验内容

(1) 按照如图 9.1 所示电路连线。

(2) 负反馈放大电路开环增益(放大倍数)与闭环增益的测试。

① 开环电路

暂不接入反馈支路,在放大电路信号输入端接入 $f=1\,\text{kHz}$、$U_I=100\,\text{mV}$ 的正弦波。此时放大电路处于开环状态。在用示波器监视输出电压波形无失真的情况下,按照表 9.1 要求进行相关参量的测量,并根据实测值计算开环增益 A_V。

② 闭环电路

将反馈支路接入,在放大电路信号输入端接入 $f=1\,\text{kHz}$、$U_I=100\,\text{mV}$ 的正弦波。此时放大电路处于闭环状态。在用示波器监视输出电压波形无失真的情况下,按照表 9.1 要求进行相关参量的测量,并根据实测值计算开环增益 A_{VF}。

表 9.1　开环、闭环电路的测试

电路状态	$R_L(\text{k}\Omega)$	$U_I(\text{mV})$	$U_O(\text{mV})$	$A_V(A_{VF})$
开　环	∞	1		
	2.4	1		
闭　环	∞	1		
	2.4	1		

(3) 负反馈对失真度的改善作用测试

① 不接入反馈支路,令放大电路处于开环状态。逐渐增大输入信号幅值,直至使输出信号波形出现一定程度的失真变形(不要过度失真),记录此时失真波形的幅值。

② 接入反馈支路,令放大电路处于闭环状态。适当改变输入信号幅值,使输出信号波形出现接近开环状态下的失真状况,记录此时失真波形的幅值。

将两次状态下的测试结果进行分析比较,得出结论。

(4) 负反馈对通频带的影响测试

① 不接入反馈支路,令放大电路处于开环状态。输入信号幅值适当,频率为 $1\,\text{kHz}$,在示波器上调试出满幅显示,同时用交流毫伏表检测输出电压的大小。

② 保持输入信号幅值不变,逐渐提高信号频率,直到波形减小为原来的 70%(或交流毫伏表的示数减小到 $1\,\text{kHz}$ 时电压值的 70%),此时对应的信号频率为放大电路开环时的上限频率 f_H。

③ 保持输入信号幅值不变,逐渐降低信号频率,直到波形减小为原来的 70%(或交流毫伏表的示数减小到 $1\,\text{kHz}$ 时电压值的 70%),此时对应的信号频率为放大电路开环时的下限频率 f_L。则放大电路开环通频带:$f_{bw}=f_H-f_L$。

④ 接入反馈支路,令放大电路处于闭环状态,然后重复步骤(1)～(3),对应测得放大电路在闭环状态下的上、下限频率 f_{Hf}、f_{Lf}。计算得到闭环通频带:$f_{bwf}=f_{Hf}-f_{Lf}$。完成表 9.2。

表 9.2　上、下限频率及通频带的测试

电路状态	上限频率(Hz)	下限频率(Hz)	通频带(Hz)
开　环			
闭　环			

五、实验报告要求

(1) 整理实验数据,分析数据误差。

(2) 根据实验测试结果总结负反馈对放大电路性能的影响。

六、思考题

怎样有效利用负反馈对放大电路各方面性能的有利影响?

实验 10　波形发生电路

一、实验目的

(1) 学习由集成运放构成的正弦波、矩形波(方波)、三角波发生电路。

(2) 学习波形发生电路的调试和主要性能指标的测试方法。

二、实验原理

正弦波、矩形波(方波)、三角波是模拟电子电路中经常要用到的测试与控制信号,产生这三种信号波形的基本电路的构成和工作原理介绍如下:

(1) 正弦波发生器

正弦波发生器的常用电路是 RC 桥式正弦波振荡器(文氏桥振荡器),如图 10.1 所示。其中 RC 串、并联电路构成正反馈支路,同时兼作选频网络,R_1、R_2、R_W 及二极管等元件构成负反馈和稳幅环节。调节电位器 R_W,可以改变负反馈深度,以满足振荡的振幅条件和改善波形。利用两个反向并联二极管 VD_1、VD_2 正向电阻的非线性特性实现稳幅。VD_1、VD_2 应采用硅管(温度稳定性好),且要求特性匹配,才能保证输出波形正、负半周对称。R_3 的接入是为了削弱二极管非线性影响,以改善波形失真状况。电路的振荡频率 $f_0 = \dfrac{1}{2\pi RC}$,起振的幅值条件为 $\dfrac{R_F}{R_1} \geqslant 2$,其中 $R_F = R_W + R_2 + (R_3 /\!/ r_D)$,$r_D$ 为二极管正向导通电阻。调节电位器 R_W,使电路起振,且波形失真最小。若不能起振,则说明负反馈太强,应适当加大 R_F;若波形失真严重,则应适当减小 R_F。改变选频网络的参数 C 或 R,可调节振荡频率:一般采用改变电容 C 的容值作为频率量程的切换;而将调节 R 作为量程内的频率细调。

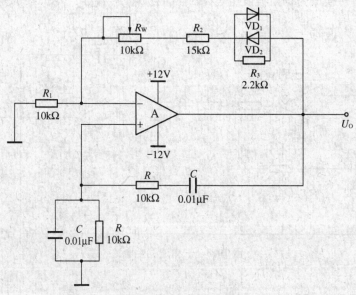

图 10.1　正弦波振荡电路

(2) 矩形波发生电路(方波发生器)

如图 10.2 所示电路是由反相输入的滞回比较器和简单 RC 积分电路组成的矩形波发生电路。其振荡周期为 $T = 2R_3C\ln\left(1+\dfrac{2R_1}{R_2}\right)$,因此可通过调整电阻 R_1、R_2、R_3、R_w 以及电容 C 的容值来改变电路的振荡频率。此外,可通过调节电位器 R_w 来改变占空比。

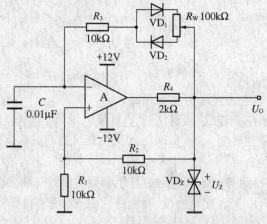

图 10.2　矩形波发生电路

(3) 三角波发生电路

如图 10.3 所示电路是将滞回比较器和积分器首尾相接形成正反馈闭环系统,构成三角波发生电路。电路中滞回比较器输出的方波经积分器积分可得到三角波,而三角波又触发比较器自动翻转形成方波,这样即构成三角波—方波发生器。由于是采用集成运放组成的积分电路,因此可实现恒流充电,使三角波线性大大改善。若在滞回比较器和积分器中间添加由两个并联反接的二极管和一个电位器组成的支路,则使积分电路分为两个通路,电路由三角波发生电路转换成为锯齿波发生电路。

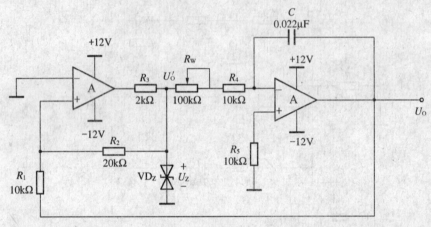

图 10.3　三角波发生电路

三、实验设备与器件

(1) ±12 V 直流电源　　　　　　　(2) 函数信号发生器
(3) 双踪示波器　　　　　　　　　(4) 交流毫伏表
(5) 直流电压表　　　　　　　　　(6) 频率计
(7) 万用表　　　　　　　　　　　(8) 集成运放 741×2
(9) 双稳压二极管 2DW231×1;普通二极管 IN4007×2
(10) 普通电容 0.01 μF×2、0.022 μF×1

四、实验内容

(1) 正弦波发生器的电路连接与性能测试

按照如图 10.1 所示电路连线,接通±12 V 直流电源,调节电位器 R_W,用示波器观察输出电压波形,测量并记录临界起振、正常运行以及失真状态下的 R_W 值,用以分析负反馈引入强与弱对输出波形的影响。

思考:是否还可以检测与验证该电路的其他参数与性能? 例如频率如何改变? 幅值是否可调? 若将二极管 VD_1、VD_2 支路去掉,对电路性能有何影响?

(2) 矩形波发生器的电路连接与性能测试

按照如图 10.2 所示电路连线,接通±12 V 直流电源,将电位器 R_W 调至中心位置,用双踪示波器同时观察输出电压波形 U_o 以及电容两端的电压 U_C 波形。通过调节电位器 R_W,获得不同的矩形波,记录下来并进行波形频率与幅值的比较,注意不同波形占空比是否相同。

思考：若将二极管 VD_1、VD_2 支路去掉，波形占空比是否仍然可以改变？

（3）三角波发生器电路的连接与性能测试

按照如图 10.3 所示电路连线，接通 ±12 V 直流电源，将电位器 R_W 调至合适位置，用双踪示波器同时观察输出电压波形 U_O 和 U'_O 的波形。通过调节电位器 R_W，观察其对两种输出波形幅值或频率的影响。

思考：如何具体加入二极管支路构成锯齿波发生电路，其改进依据是什么？

五、实验报告要求

（1）根据本次实验特点，自己制作实验记录表格，整理实验数据与图形。

（2）对三个波形发生电路如何分别进行频率、幅值（或占空比）的调节。

六、思考题

（1）波形发生电路是否需要调零？

（2）波形发生电路产生波形输出的根本原因是什么？

实验 11　集成功率放大器

一、实验目的

（1）掌握集成功率放大器的基本应用电路的连接。

（2）掌握集成功率放大器主要性能指标的测量方法。

二、实验原理

LM386 是集成 OTL 型功放电路的常见类型，与通用型集成运放的特性相似，是一个三级放大电路。第一级为差分放大电路；第二级为共射放大电路；第三级为准互补输出级功放电路。它的外形和引脚排列示意图如图 11.1 所示。

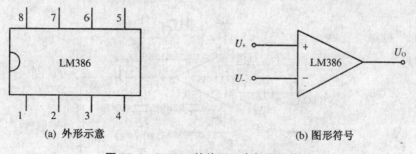

（a）外形示意　　　　　　　　　　　　（b）图形符号

图 11.1　LM386 的外形示意与图形符号

引脚 2：反相输入端；

引脚 3：同相输入端；

引脚 4：接地端；

引脚 5：输出端；

引脚 6：工作电源引入端；

引脚 1 与 8：电压增益设定端；

引脚 7 与地之间串接旁路电容，旁路电容容值一般取 10 μF。

LM386 电压增益最小接法的应用电路如图 11.2 所示；LM386 电压增益最大接法的应用电路如图 11.3 所示；LM386 电压增益可调接法的应用电路如图 11.4 所示。

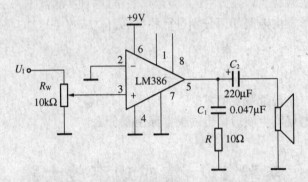

图 11.2　LM386 电压增益最小接法应用电路（电压增益约为 20）

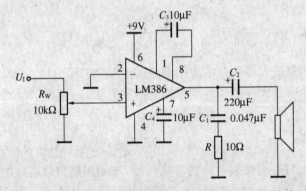

图 11.3　LM386 电压增益最大接法应用电路（电压增益约为 200）

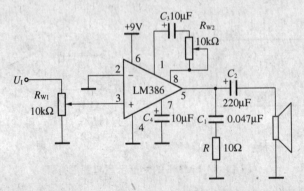

图 11.4　LM386 电压增益可调接法应用电路（电压增益调节范围 20～200）

三、实验设备与器件

（1）＋9 V 直流电源　　　　　　　　（2）函数信号发生器
（3）双踪示波器　　　　　　　　　　（4）交流毫伏表
（5）直流电压表　　　　　　　　　　（6）频率计
（7）万用表　　　　　　　　　　　　（8）集成功放 LM386×1
（9）扬声器(8 Ω)×1　　　　　　　　（10）直流电流表
（11）电容 220 μF×1、10 μF×2、0.05 μF×1；电阻 10 Ω×1；电位器 10 kΩ×2

四、实验内容

（1）386 电压增益最小接法的电路与特性测试
① 静态特性测试
按照如图 11.2 所示电路连线，经检查无误后，将 LM386 信号输入端对地短接，接通电路电源，观察直流数字毫安表的读数，即为该电路的静态总电流。在此静态总电流值下，若用手触摸 LM386 芯片，感觉芯片升温明显，则要立即切断电源检查原因。
② 动态特性测试
给电路信号输入端提供一频率为 1 kHz 的正弦波信号，通过示波器观察输出电压波形，并逐渐增加输入信号幅值，直至输出电压波形呈现最大失真输出，然后用交流毫伏表分别测试此时电路输入端和输出端电压的有效值并记录。可用测得的最大不失真输出电压值，计算电路的最大输出功率。
（2）LM386 电压增益最大接法的电路与特性测试
在 LM386 电压增益最小接法电路的基础上，只要在其引脚"1"和引脚"8"之间串接一个 10 μF 的电解电容，即变为 386 电压增益最大接法电路。在此要注意的是 10 μF 电解电容的正极端接引脚"1"，此电路所对应的电压放大倍数接近为 200 倍。
对此电路进行动态特性测试，给电路信号输入端同样提供一频率为 1 kHz 的正弦波信号，通过示波器观察输出电压波形，并逐渐增加输入信号幅值，直至输出电压波形呈现最大不失真输出，然后用交流毫伏表分别测试此时电路输入端和输出端电压的有效值并记录。
（3）LM386 电压增益可调的电路与特性测试
在 LM386 电压增益最大接法电路的基础上，在其引脚"1"和引脚"8"之间电容支路的基础上再串接一定阻值的电阻，即可构成 LM386 电压增益可调电路，此串接电阻取不同阻值，LM386 就对应 20～200 倍之间的不同增益。此电阻也可用 10 kΩ 电位器代替，以方便调节。
对此电路进行动态特性测试，给电路信号输入端同样提供一频率为 1 kHz 的正弦波信号，通过示波器观察输出电压波形，在保证输出电压波形不失真的前提下，分段调节增益（调节电位器），用交流毫伏表分别测试电路输入端和输出端电压的有效值并记录，以计算出所对应的电压增益。

五、实验报告要求

（1）根据实验测量结果，计算两种情况下的 P_{Om}、P_V、η。
（2）总结 LM386 集成功放在实际应用时应注意的事项。

六、思考题

（1）若把电路的工作电源值改为"+12 V"，是否对测量数据产生影响？
（2）电路中 R 与 C_5 的串联支路的作用是什么？

实验 12　直流稳压电源设计

一、设计目的

通过设计一个单路输出，且输出电压连续可调的直流稳压电源，达到对相关模拟电路理论知识综合应用的目的。

二、设计任务与要求

（1）设计任务
设计一个单路输出，且输出电压连续可调的直流稳压电源。
（2）设计要求
输入电压：220 V±22 V；
输出电压：U_O＝+3～+9 V 连续可调；
最大输出电流：I_{Omax}＝800 mA；
输出纹波电压：ΔU_{Op-p}≤5 mV；
稳压系数：S_V≤3×10^{-3}。

三、设计方案

直流稳压电源一般由电源变压器、整流电路、滤波电路和稳压电路四部分构成，结构构成框图如图 12.1 所示。各部分构成电路的作用如下：

电源变压器：直流电源的输入为 220 V 的电网电压（即市电），而一般情况下，所需直流电压的数值和电网电压的有效值相差较大，因而需要通过电源变压器降压后，再对交流电压进行处理。变压器副边电压的有效值决定于后面电路的需要。

整流电路：变压器副边电压通过整流电路由交流电压转换为脉动的直流电压。

滤波电路:为了减小电压的脉动,需要通过低通滤波电路滤波,使其输出电压平滑,即将脉动直流电压转化为平滑直流电压。

稳压电路:清除电网波动及负载变化的影响,使输出电压的保持稳定。

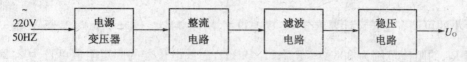

图 12.1　直流稳压电源结构构成框图

通常可选用的直流稳压电源设计方案有以下五种:

(1) 采用硅稳压管并联式稳压电路:此设计方案对应的电路结构简单,易于实现;但输出电压值固定不可调,且输出电流值小,带负载能力差。

(2) 采用由集成运放、三极管、稳压管构成的串联反馈式线性稳压电路:此设计方案输出的电压可调,且稳定性好,带负载能力强;缺点是电路构成较复杂。

(3) 采用三端可调式集成稳压器:此设计方案实质是第二种设计方案的集成化。

(4) 采用串联或并联型开关稳压电源:此设计方案的最大优点是电路的转换效率高,可达 75%～90%。

(5) 采用直流变换型电源:此设计方案通常应用于将不稳定的直流低压变换为稳定的直流高压。

根据本设计任务与要求建议采用设计方案(3)。

四、设计电路

(1) 确定设计电路整体结构

整流滤波电路采用桥式全波整流、电容滤波电路,稳压电路部分选用三端可调式集成稳压器 317 来实现,电路结构原理图如图 12.2 所示。

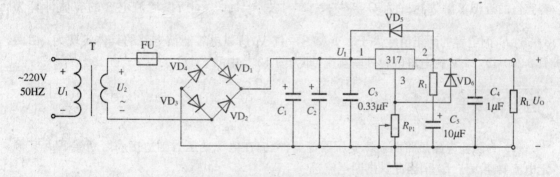

图 12.2　直流稳压电源电路结构原理图

(2) 根据设计要求,确定稳压电路

① 三端可调式集成稳压器 317 的输入端和输出端电压之差为 3～40 V(输入端电压高于输出端电压),即它的最小输入电压、输出电压差为 $(U_I-U_O)_{min}=3$ V,最大输入电压、输出电压差为 $(U_I-U_O)_{max}=40$ V。因此 317 输入端的电压取值范围根据设计要求应该为 9 V+3 V≤U_I≤3 V+40 V,即 12 V≤U_I≤43 V。

② 泄放电阻 R_1 的最大值计算式为 $R_{1max} = \dfrac{1.25\,V}{5\,mA} = 250\,\Omega$，实际取值略小些，为 240 Ω。

③ 电路输出电压对应值为：$U_O = \left(1 + \dfrac{R_{P1}}{R_1}\right) \times 1.25\,V$，调节电位器 R_{P1}，即可实现输出电压大小的可调。由于设计要求 $3\,V \leqslant U_O \leqslant 9\,V$，所以 $3\,V \leqslant \left(1 + \dfrac{R_{P1}}{240}\right) \times 1.25\,V \leqslant 9\,V$，即电位器 R_{P1} 的阻值范围为 $336\,\Omega \leqslant R_{P1} \leqslant 1.49\,k\Omega$，因此电位器的固定阻值可选为 2.2 kΩ～4.7 kΩ，以精密的金属膜电位器或精密的线绕电位器为佳。

④ 电容 C_5 的作用在于减小电位器两端的纹波电压，参考容值为 10 μF；二极管 VD_5、VD_6 均是给电容提供放电回路，对 317 起到保护作用，可选型号为 1N4148 的二极管。

（3）选电源变压器

电源变压器的原边电压为交流 220 V，而副边电压 U_2 的选择要根据 317 输入端的电压 U_1 来确定，一般取 $U_2 \geqslant \dfrac{U_{1min}}{1.1}$；根据设计要求，$U_2 \geqslant \dfrac{12\,V}{1.1} \approx 11\,V$。

电源变压器的副边电流 I_2 应大于整个直流稳压电源的最大输出电流 I_{Omax}（800 mA），所以 I_2 应确定为 1 A。

电源变压器副边输出功率 $P_2 \geqslant I_2 U_2 = 11\,W$。若选定变压器的效率 $\eta = 0.7$，则变压器原边输入功率 $P_1 \geqslant \dfrac{P_2}{\eta} = 1.57\,W$。所以电源变压器可选功率为 20 W 的小型变压器。

（4）整流二极管和滤波电容的选择

① 因为电路中的整流二极管所承受的极限电压参数 $U_{RM} \geqslant 1.1\sqrt{2}U_2 = 17\,V$，因此可选 1N4001 整流二极管，它的 $U_{RM} \geqslant 51\,V$，$I_F = 1\,A$。

② 滤波电容的容值可由纹波电压和稳压系数的设计参数进行确定。根据 $U_O = 9\,V$，$U_1 = 12\,V$，$\Delta U_{Op-p} \leqslant 5\,mV$，$S_v \leqslant 3 \times 10^{-3}$ 以及 $S_r = \dfrac{\Delta U_O / U_O}{\Delta U_1 / U_1}$，可得 $\Delta U_1 = 2.2\,V$；而滤波电容容值的近似求解表达式为 $C = \dfrac{I_{Omax} t}{\Delta U_1}$，$t = \dfrac{T}{2} = 0.01\,s$，所以滤波电容的容值计算为 3 636 μF，而电容的耐压值应大于 $1.1\sqrt{2}U_2 = 17\,V$，所以电容滤波电路的具体实现为：由两只 2 200 μF/25 V 的电解电容并联实现，即为图 12.2 中的 C_1、C_2。

五、调试要点

（1）为防止电路短路而损坏变压器等器件，应在电源变压器副边接入熔断器 FU，其额定电流要略大于 I_{Omax}，因此其熔断电流选为 1 A。

（2）三端可调式集成稳压器 317 要加适当大小的散热片。

（3）连接调试电路按稳压电路、整流滤波电路、变压器的先后次序进行。

（4）稳压电路部分主要测试三端可调式集成稳压器 317 是否正常工作。可在其输入端加大于 12 V、小于 43 V 的直流电压，调节电位器 R_{P1}，若输出电压随之变化，说明稳压电路工作正常。

（5）整流滤波电路主要检查整流二极管是否接反。在接入整流二极管和电解电容之前要注意对其进行特性优劣检测，电解电容要注意正、负极性。

六、思考题

若在对设计电路进行调试时,发现输出电压纹波较大,原因可能是什么?

实验 13　控温电路设计

一、设计目的

(1) 学习电桥在温度信号采集中的应用。
(2) 了解差分比例运算电路的工程应用意义。
(3) 掌握滞回比较器的性能调试方法。
(4) 学会系统的测量和调试电路的方法。

二、设计任务和要求

(1) 设计任务
设计一个温度检测、放大与控制电路。
(2) 设计要求
① 测温元件选有负温度特性的热敏电阻 R_t(NTC),标称值为 1 kΩ,温度系数为$-(3.5\sim$ $4.3)$,B 取值为$(2\,800\sim2\,970)$。
② 采用电桥测温,热敏电阻 R_t 作为其中的一个桥臂。
③ 设计一级放大电路。
④ 设定温度上、下限值,并实现低于下限报警并同步启动加热装置及高于上限停止加热的控制功能。

三、设计方案

根据设计任务和要求,控温系统的结构框架如图 13.1 所示。

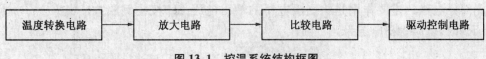

图 13.1　控温系统结构框图

(1) 温度转换电路选用电桥,将温度这一缓慢变化的非电量信号转换为电压信号输出。
(2) 放大电路选用差分比例运算放大电路,因为经电桥测试转换的温度电信号为压差信号,差分比例运算放大电路的放大特性就是对两路输入端产生的压差信号进行放大处理。
(3) 比较电路的主要功能是完成温度上、下限值的设定。将实时测量的温度值与设定的温度值上、下限进行比较,并将比较的结果输出,以驱动、控制对应的发光报警和加热执行装置。能对应实现此功能的电路为滞回比较器。

(4)驱动控制电路:主要包含发光报警电路和控制加热器的继电器电路,为提高驱动能力,可加一级三极管驱动电路。

四、设计电路

(1)确定设计电路整体结构

控温系统的整体电路设计参考电路如图 13.2 所示。

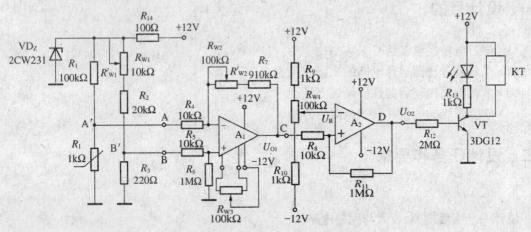

图 13.2　控温系统设计参考电路

(2)温度转换电路设计

测温电桥的参考设计电路由 R_1、R_2、R_3、R_{W1} 及 R_t 组成,其中 R_t 是热敏电阻——温度传感器,呈现出阻值与温度成线性变化的关系,并且具有负温度系数,而其温度系数又与流过它的工作电流有关,因此为了稳定 R_t 的工作电流,进而达到稳定其温度系数的目的,设置了稳压管 VD_Z。R_{W1} 的作用是实现测温电桥的校准平衡,即令电桥四个桥臂电阻满足关系式:

$$\frac{R_{t0}}{R_{t0} + R_1} = \frac{0.22 \text{ k}\Omega}{0.22 \text{ k}\Omega + 20 \text{ k}\Omega + R'_{W1}}。$$

(3)放大电路设计

差分比例运算放大电路的参考设计电路由集成运放 A_1、R_4、R_5、R_6、R_7、R_{W2} 和 R_{W3} 组成。此部分电路的主要作用是将测温电桥的输出电压 ΔU 按比例放大。当 $R_4 = R_5$,$R_7 + R'_{W2} = R_6$ 时,电路输出电压为:

$$U_{O1} = \frac{R_7 + R'_{W2}}{R_4}(U_B - U_A)$$

R_{W3} 的作用是对集成运算放大器进行调零。

(4)比较电路设计

滞回比较器由集成运放 A_2、R_8、R_9、R_{10}、R_{11} 和 R_{W4} 组成。滞回比较器的主要作用是完成温度电压信号上、下限的状态比较,并将比较结果以高、低电平的形式去驱动后续控制电路。

设定滞回比较器的输出高电平为 U_{OH}、输出低电平为 U_{OL}，参考电压 U_R 加在反相输入端。通过电路特性分析，此滞回比较器的两个转折电压值 U_{TH}、U_{TL} 分别为：

$$U_{TH} = \frac{R_8 + R_{11}}{R_{11}} U_R - \frac{R_8}{R_{11}} U_{OL}, \quad U_{TL} = \frac{R_8 + R_{11}}{R_{11}} U_R - \frac{R_8}{R_{11}} U_{OH}$$

调节 R_{W4} 可改变参考电平，进而调节改变 U_{TH}、U_{TL} 取值，从而达到设定温度的目的。U_{TH}、U_{TL} 两参数的差值 $\Delta U_T U_{TR} U_{TL} \frac{R_8}{R_{11}} (U_{OH} - U_{OL})$ 称为门限宽度，大小可通过调节 R_8/R_{11} 的比值来调节。此滞回比较器的电压传输特性图如图 13.3 所示。

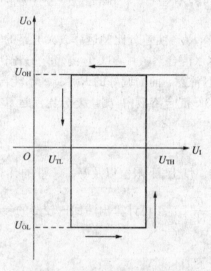

图 13.3　滞回比较器电压传输特性图

（5）驱动控制电路设计

驱动控制电路由 NPN 型三极管 VT、R_{12}、R_{13}、发光二极管、小型直流继电器组成。当温度低于下限设定值时，前级电路——滞回比较器输出高电平，令三极管 VT 饱和导通，使继电器线圈得电，启动加热器加热，与此同时，驱动发光二极管发光，指示控温系统正处于加热状态；当温度高于上限设定值时，前级电路——滞回比较器输出低电平，令三极管 VT 处于截止状态，使继电器线圈失电，断开加热器加热电路，停止加热，与此同时，发光二极管熄灭。

五、调试要点

（1）各单元分别调试

按设计好的电路原理图，连接电路，各单元电路之间暂不连通，以便各单元分别进行调试。

① 放大电路调试

a. 对集成运放 A_1 进行调零：将 A、B 两端对地短路，调节 R_{W3}，使 $U_{O1} = 0$。

b. 去掉 A、B 端对地短路线，在 A、B 端分别加入不同的两个直流电平。

当电路中 $R_4 = R_5$、$R_7 + R'_{W2} = R_6$ 时，其输出电压：

$$U_{O1} = \frac{R_7 + R'_{W2}}{R_4}(U_B - U_A)$$

在测试时,要注意加入的输入电压不能太大,以免令放大器输出进入饱和区。

c. 将 B 点对地短路,把频率为 100 Hz、有效值为 10 mV 的正弦波 U_I 加入 A 点。用示波器观察输出波形,在输出波形不失真的情况下,用交流毫伏表测出 U_I 和 U_{O1} 的电压,计算出此差分比例运算放大电路的电压放大倍数 Av。

② 温度转换电路和放大电路的共同调试

将差分比例运算放大电路的 A、B 端与测温电桥的 A′、B′ 端相连,

a. 室温条件下的校准

在实验室室温条件下调节 R_{W1},使差分比例运算放大电路的输出电压 $U_{O1} = 0$。

b. 将热敏电阻 R_t 放入冰水混合溶液中(0℃),测量差分比例运算放大电路的输出电压值,作为温度下限参数设定值(注意:前面调好的 R_{W1}、R_{W3} 不能再动)。

c. 将热敏电阻 R_t 放入 80℃ 混合溶液中,测量差分比例运算放大电路的输出电压值,作为温度上限参数设定值。

③ 比较电路调试

根据步骤(2)调试得到的温度上、下限值以及 U_{TH}、U_{TL} 的计算式:$U_{TH} = \frac{R_8 + R_{11}}{R_{11}}U_R - \frac{R_8}{R_{11}}U_{OL}$、$U_{TL} = \frac{R_8 + R_{11}}{R_{11}}U_R - \frac{R_8}{R_{11}}U_{OH}$,可计算出滞回比较器的参考电压 U_R,调节 R_{W4} 即可实现电路中 U_R 的设定。

(2) 测温系统整机调试

① 连接各级单元电路(注意:可调元件 R_{W1}、R_{W2}、R_{W3} 不能随意变动。如有变动,必须重新进行前面内容的调试)。集成运放可选 741 或 324 等通用型号。

② 将热敏电阻 R_t 放入冰水混合溶液中(0℃),观察电路输出端状态:发光二极管何时熄灭;继电器线圈何时失电;加热器是否停止加热。

③ 将热敏电阻 R_t 放入常温水溶液中,逐渐加入热水,观察电路输出端状态:发光二极管是否发光;继电器线圈是否得电;加热器是否启动。

(3) 注意事项

① 在实验调试过程中,加热装置可用一个 100 Ω/2 W 的大功率电阻模拟,将此电阻靠近 R_t 即可。

② 在调试过程中,要根据热敏电阻 R_t 的封装情况决定是否需要进行防水处理。

六、思考题

(1) 所设计的该控温系统电路还可进行哪些功能的扩展?

(2) 如果不对集成运放进行调零,将会引起什么结果?

实验 14　报警电路设计

一、设计目的

（1）掌握单限比较器的性能调试方法。

（2）学会系统的测量和调试电路的方法。

二、设计任务和要求

（1）设计任务

设计一个将温度、湿度、压力等非电量转换成的电压信号进行放大、状态比较、声光报警的通用报警电路。

（2）要求

① 对测量参数实现单限越限报警；

② 电路参数的选择、设置具有通用性和灵活性。

三、设计方案

根据设计任务和要求，控温系统的结构框架如图 14.1 所示。可不考虑传感器部分的电路，用两路可调的直流信号源来模拟代替传感器采集转换得到的电压信号。

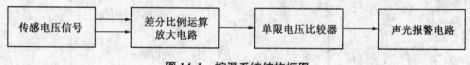

图 14.1　控温系统结构框图

四、设计电路

（1）差分比例运算放大电路

该电路由单个集成运放构成，作用是对两路传感器电压信号的压差进行放大，参考电路如图 14.2 所示。放大倍数根据所拟订的传感器送出的电压信号的单位级数（μV、mV 或 V）进行确定。对应的输入、输出量之间的关系表达式为：

$$U_{O1} = \frac{R_3 + R'_{W2}}{R_1}(U_{I2} - U_{I1}) = \frac{R_3 + R'_{W2}}{R_1}\Delta U_I$$

（2）单限电压比较器

该电路也由单个集成运放构成，作用是将经过差分放大电路放大的两路传感器的压差值，转换为高、低电平状态的变化，以驱动发光二极管和蜂鸣器报警电路。参考设计电路如

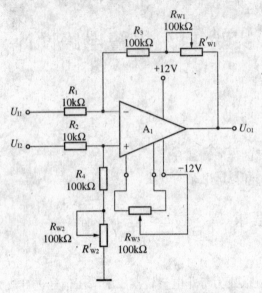

图 14.2　差分比例运算放大电路

图 14.3 所示。单限电压比较器的阈值电压 U_T 由 R_3、R_4 构成的分压电路来提供。U_T 的大小即 R_3、R_4 阻值的选择,由前一级差分放大电路输入为零时的输出电压值确定,对应的关系式为:$U_T = \dfrac{R_5}{R_5 + R'_{W4}} \times 12\ \text{V}$。

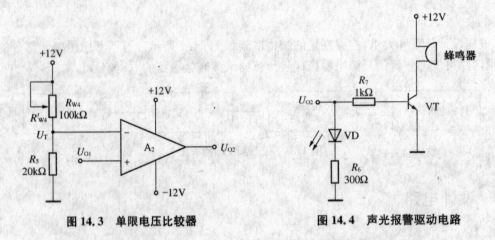

图 14.3　单限电压比较器　　　　　　**图 14.4　声光报警驱动电路**

（3）发光二极管发光报警电路

发光二极管的限流保护电阻取值范围为 $200 \sim 510\ \Omega$;蜂鸣器报警电路则需加入单个三极管,以扩大输出负载电流,增强电路的带负载能力。参考设计电路如图 14.4 所示。

五、调试要点

（1）根据参考电路,计算并确定器件参数,分别连接和调试各功能单元电路,集成运放可选 741 或 324 等通用型号。

（2）将各单元电路连接成整体电路，进行调试，特别要注意差分比例运算电路和单限电压比较器这前后两级电路的匹配调试。

六、思考题

此种功能电路具体可应用于哪些领域和场合的报警？

实验 15　模拟电路仿真示例
——晶体管共射极放大电路

一、实验目的

（1）熟悉 Multisim 9 软件的使用方法。
（2）掌握放大电路静态工作点、电压放大倍数、输入电阻、输出电阻的仿真方法。

二、仿真电路原理图

本实验仿真电路原理图如图 15.1 所示。

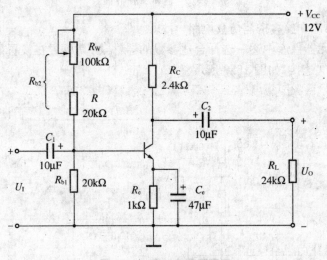

图 15.1　仿真电路原理图

三、虚拟实验设备与器件

（1）双踪示波器　　　　　　　　　　（2）交流信号源
（3）数字万用表　　　　　　　　　　（4）直流电源
（5）晶体管 2N2222×1　　　　　　　（6）电解电容 10 μF×2、47 μF×1

（7）电位器 100 kΩ×1　　　　　　（8）电阻 20 kΩ×2、2.4 kΩ×2、1 kΩ×1

四、实验步骤

（1）启动 Multisim
基本工作界面如图 15.2 所示。

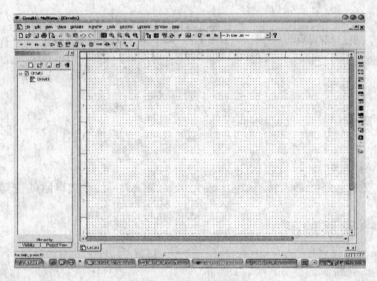

图 15.2　基本工作界面

（2）放置元器件、电源，搭建仿真电路
从 Multisim 元器件库中逐一选择合适参数的器件，将其放置在设置好页面参数的工作界面中，并进行电气连接，如图 15.3 所示。

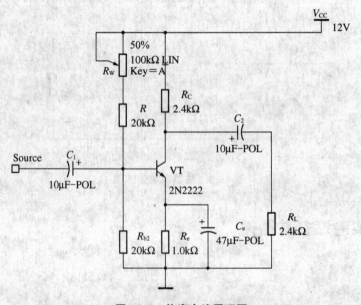

图 15.3　仿真电路原理图

（3）对电路进行静态工作点仿真分析调试

① 利用虚拟仪器——万用表直接测试三极管三个电极对地的直流电位。

测试条件：信号输入端对地短接，并且确保 $U_{EQ} = 2\ V$，可通过调节电位器 R_w 来实现。仿真测试图如图 15.4 所示。仿真测试结果如图 15.5 所示。最后将仿真数据结果填入表 15.1。

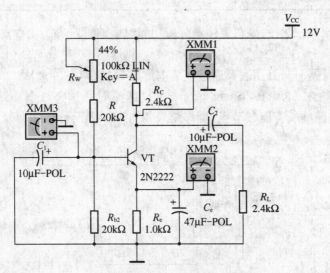

图 15.4　静态工作点仿真测试图

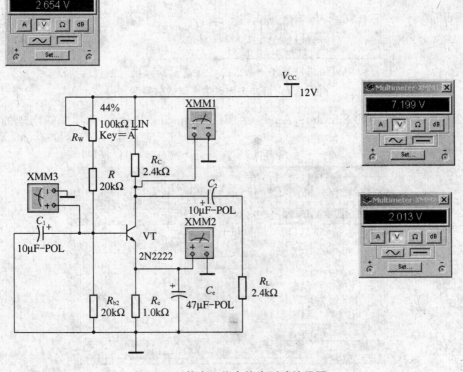

图 15.5　静态工作点仿真测试结果图

表 15.1 仿真数据

测量值				计算值（理论值）		
U_{EQ}(V)	U_{BQ}(V)	U_{CQ}(V)	R_{b2}(kΩ)	U_{BEQ}(V)	U_{CEQ}(V)	I_{CQ}(mA)
2.0						

② 利用 MultiSim 9 中的静态工作点分析功能对电路进行静态工作点仿真分析。

操作过程如下：

a. 利用虚拟仪器——万用表及通过调节电位器 R_W，令 $U_{EQ}=2$ V；

b. 执行菜单栏中 Options/Sheet properties，选择对话框 Net Names 选项中的 Show All，以显示仿真电路的所有电气节点，操作结果如图 15.6 所示。

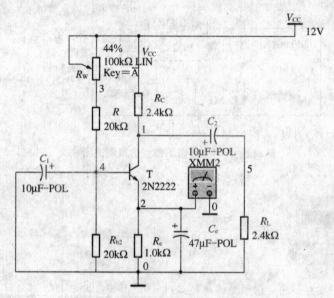

图 15.6 静态工作点仿真测试结果图

c. 执行菜单栏中的 Simulate/Analyses/DC Operating Point。此项操作出现的对话框如图 15.7 所示。

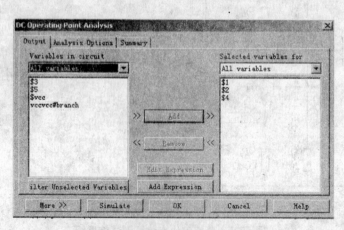

图 15.7 静态工作点仿真分析对话框

注意：$1 对应于电路中三极管集电极，$4、$2 分别对应于电路中的基极和发射极。

点击对话框上的 Simulate，得到的分析结果如图 15.8 所示，可将此仿真分析数据与表 15.1 中的测试数据相比较，会发现误差非常小。

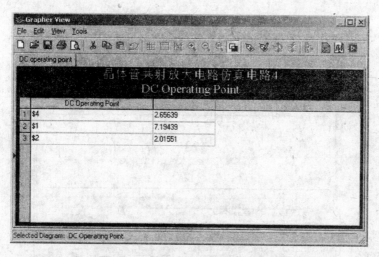

图 15.8　静态工作点仿真分析结果

（3）对电路进行动态仿真分析

① 电压放大倍数的仿真分析

电路输入端接入虚拟仪器——信号源（Function Generator），提供频率 1 kHz、幅值为 10 mV 的正弦波信号作为测试信号；输入和输出端分别接虚拟仪器——双踪示波器（Oscilloscope）的两路信号输入通道。为方便观察输入、输出波形，特将输出端导线改为蓝色，具体连接图如图 15.9 所示。

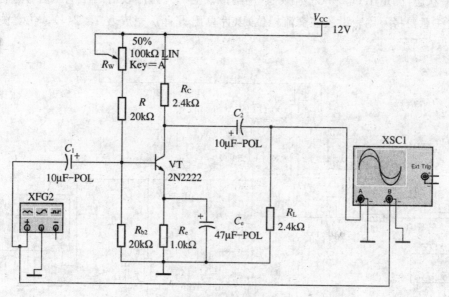

图 15.9　动态仿真图

单击工具栏 Simulate/Run 或直接点击工作界面上面的仿真运行启停开关，对电路进行功能仿真。此时双击示波器图标,可得到非常逼真的示波器中输入、输出波形的显示界面,如图15.10所示。可通过对虚拟示波器操作面板相关按钮的调节读取输入、输出波形峰峰值,进而计算出对应的信号有效值,并计算出电路的电压放大倍数。注意:峰峰值变为有效值除以 $2\sqrt{2}$。

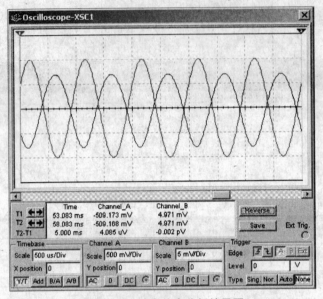

图 15.10　动态仿真分析结果图

② 输入电阻 R_I 的仿真分析

在被测放大电路的输入端与信号源之间串接一个电阻 R（1 kΩ）,令 $R_C = R_L = 2.4\ \mathrm{k\Omega}, U_{EQ} = 2.0\ \mathrm{V}$。输入正弦信号 $f = 1\ \mathrm{kHz}$,幅值任意,但要保证输出电压波形不失真。选取任一状态,测量出 U_S 和 U_I 有效值(用虚拟仪器——万用表对两个电压信号进行有效值的测试,注意要将万用表设置在交流档位)以计算出 R_I 值,完成表 15.2(I)。仿真测试电路如图 15.11 所示。

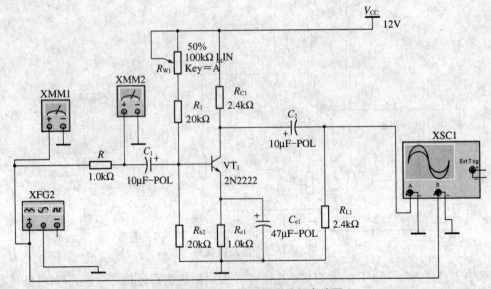

图 15.11　输入电阻仿真分析电路图

③ 输出电阻 R_O 的仿真分析

用交流毫伏表分别测出空载时的输出电压 U_O 和加负载时的输出电压 U_L，即可计算出 R_O 值，完成表 15.2(Ⅱ)。空载时输出电压仿真测试电路如图 15.12 所示。

表 15.2　参数测量

I				Ⅱ			
U_S(mV)	U_I(mV)	R_I (kΩ)		U_O(V)	U_L(V)	R_O (kΩ)	
		测量值				测量值	
		计算值				计算值	

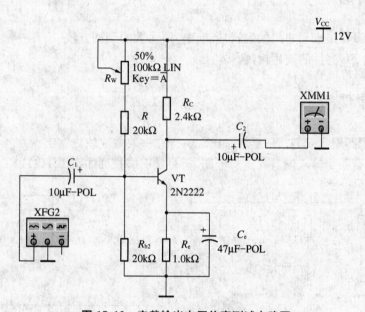

图 15.12　空载输出电压仿真测试电路图

五、思考题

(1) 如何把元件水平翻转和垂直翻转?

(2) 如何更改元件的数值?

(3) 元件库中有些元件后带有 Virtual,表示什么意思?

第3篇　数字电子技术实验

实验1　TTL集成门电路的逻辑功能与参数测试

一、实验目的

（1）掌握 TTL 集成与非门的逻辑功能和主要参数的测试方法。
（2）掌握 TTL 器件的使用规则。

二、实验原理

本实验采用四输入双与非门器件 74LS20，即在一块集成块内含有两个互相独立的与非门，每个与非门有四个输入端。其逻辑框图、符号及引脚排列如图 1.1(a)、(b)、(c)所示。

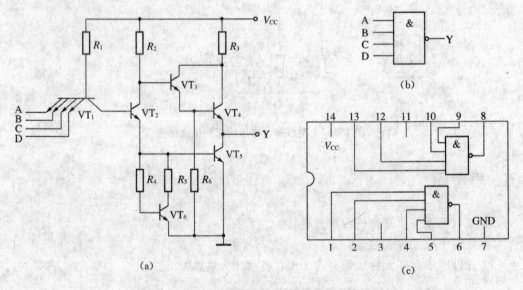

图 1.1　74LS20 逻辑框图、逻辑符号及引脚排列

（1）与非门的逻辑功能

当输入端中有一个或一个以上是低电平时，输出端为高电平；只有当输入端全部为高电平时，输出端才是低电平（即有"0"得"1"，全"1"得"0"）。其逻辑表达式为：$Y = \overline{AB}$。

（2）TTL 与非门的主要参数

① 低电平输出电源电流 I_{CCL} 和高电平输出电源电流 I_{CCH}

与非门处于不同的工作状态，电源提供的电流是不同的。I_{CCL} 是指所有输入端悬空，输出端空载时,电源提供器件的电流;I_{CCH} 是指输出端空载,每个门各有一个以上的输入端接地,其余输入端悬空时,电源提供给器件的电流。通常 $I_{CCL} > I_{CCH}$,它们的大小标志着器件静态功耗的大小。器件的最大功耗为 $P_{CCL} = V_{CC}I_{CCL}$。手册中提供的电源电流和功耗值是整个器件总的电源电流和总的功耗。I_{CCL} 和 I_{CCH} 测试电路如图 1.2(a)、(b)所示。

注意:TTL 电路对电源电压要求较严,电源电压 V_{CC} 只允许在 5 V $\pm 10\%$ 的范围内工作,超过 5.5 V 将损坏器件,低于 4.5 V 器件的逻辑功能将不正常。

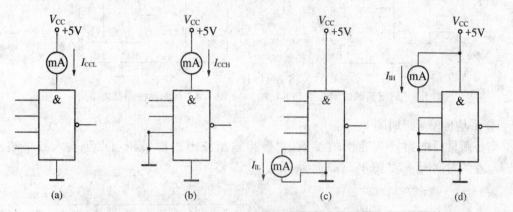

图 1.2　TTL 与非门静态参数测试电路图

② 低电平输入电流 I_{IL} 和高电平输入电流 I_{IH}

I_{IL} 是指被测输入端接地,其余输入端悬空,输出端空载时,由被测输入端流出的电流值。在多级门电路中,I_{IL} 相当于前级门输出低电平时,后级向前级门灌入的电流,它关系到前级门的灌电流负载能力,即直接影响前级门电路带负载的个数,因此希望 I_{IL} 小些。

I_{IH} 是指被测输入端接高电平,其余输入端接地,输出端空载时,流入被测输入端的电流值。在多级门电路中,它相当于前级门输出高电平时,前级门的拉电流负载,其大小关系到前级门的拉电流负载能力,故希望 I_{IH} 小些。由于 I_{IH} 较小,难以测量,一般免于测试。

I_{IL} 与 I_{IH} 的测试电路如图 1.2(c)、(d) 所示。

③ 扇出系数 N_O

扇出系数 N_O 是指门电路能驱动的同类门的个数,它是衡量门电路负载能力的一个参数,TTL 与非门有两种不同性质的负载,即灌电流负载和拉电流负载,因此有两种扇出系数,即低电平扇出系数 N_{OL} 和高电平扇出系数 N_{OH}。通常 $I_{IH} < I_{IL}$,则 $N_{OH} > N_{OL}$,故常以 N_{OL} 作为门的扇出系数。

N_{OL} 的测试电路如图 1.3 所示,门的输入端全部悬空,输出端接灌电流负载 R_L,调节 R_L 使 I_{OL} 增大,U_{OL} 随之增高,当 U_{OL} 达到 U_{OLm}(手册中规定的低电平规范值为 0.4 V)时的 I_{OL} 就是允许灌入的最大负载电流,则 $N_{OL} = \dfrac{I_{OL}}{I_{IL}}$,通常 $N_{OL} \geqslant 8$。

④ 电压传输特性

门的输出电压 U_O 随输入电压 U_I 而变化的曲线 $U_O = f(U_I)$ 称为门的电压传输特性,通过它可读得门电路的一些重要参数,如输出高电平 U_{OH}、输出低电平 U_{OL}、关门电平 U_{Off}、开门电平 U_{ON}、阈值电平 U_T 及抗干扰容限 U_{NL}、U_{NH} 等。测试电路如图 1.4 所示,采用逐点测试法,即调节 R_W,逐点测得 U_I 及 U_O,然后绘成曲线。

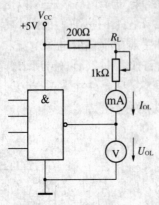

图 1.3　扇出系数试测电路

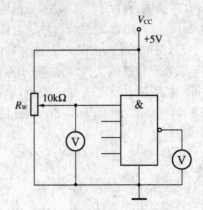

图 1.4　传输特性测试电路

⑤ 平均传输延迟时间 t_{pd}

t_{pd} 是衡量门电路开关速度的参数,它是指输出波形边沿 $0.5U_m$ 点至输入波形边沿 $0.5U_m$ 点的时间间隔,如图 1.5(a)所示。

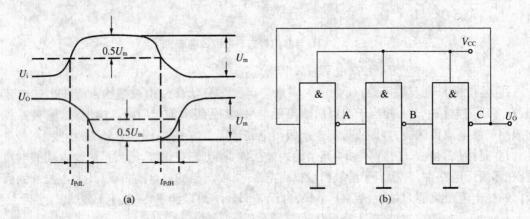

图 1.5　平均传输延迟时间

其中,t_{pdL} 为导通延迟时间;t_{pdH} 为截止延迟时间,则平均传输延迟时间为:

$$t_{pd} = \frac{1}{2}(t_{pdL} + t_{pdH})$$

t_{pd} 的测试电路如图 1.5(b)所示。由于 TTL 门电路的延迟时间较小,直接测量时对信号发生器和示波器的性能要求较高,故实验采用测量由奇数个与非门组成的环形振荡器的振荡周期 T 来求得。其工作原理是:假设在接通电源后某一瞬间电路中的 A 点为逻辑"1";经过三级门的延迟后,A 点由逻辑"1"变为逻辑"0";再经过三级门的延迟后,A 点电平又重新回到逻辑"1",电路中其他各点电平也跟随变化。这说明使 A 点发生一个周期的振荡,必须经过六级门的延迟时间。因此平均传输延迟时间为:

$$t_{pd} = \frac{T}{6}$$

TTL 电路的 t_{pd} 一般在 $10 \sim 40$ ns 之间。74LS20 的主要电参数见表 1.1。

表 1.1　74LS20 主要电参数

参数名称和符号			规范值	单 位	测 试 条 件
直流参数	导通电源电流	I_{CCL}	＜14	mA	V_{CC}＝5 V,输入端悬空,输出端空载
	截止电源电流	I_{CCH}	＜7	mA	V_{CC}＝5 V,输入端接地,输出端空载
	低电平输入电流	I_{iL}	≤1.4	mA	V_{CC}＝5 V,被测输入端接地,其他输入端悬空,输出端空载
	高电平输入电流	I_{iH}	＜50	μA	V_{CC}＝5 V,被测输入端 U_I＝2.4 V,其他输入端接地,输出端空载
			＜1	mA	V_{CC}＝5 V,被测输入端 U_I＝5 V,其他输入端接地,输出端空载
	输出高电平	V_{OH}	≥3.4	V	V_{CC}＝5 V,被测输入端 U_I＝0.8 V,其他输入端悬空,I_{OH}＝400 μA
	输出低电平	V_{OL}	＜0.3	V	V_{CC}＝5 V,输入端 U_I＝2.0 V,I_{OL}＝12.8 mA
	扇出系数	N_O	4～8	V	同 U_{OH} 和 U_{OL}
交流参数	平均传输延迟时间	t_{pd}	≤20	ns	V_{CC}＝5 V,被测输入端输入信号:U_I＝3.0 V,f＝2 MHz

三、实验设备与器件

(1) ＋5 V 直流电源　　　　　　　　(2) 逻辑电平开关
(3) 逻辑电平显示器　　　　　　　　(4) 直流数字电压表
(5) 直流毫安表　　　　　　　　　　(6) 直流微安表
(7) 74LS20×2、1 kΩ、10 kΩ 电位器,
　　200 Ω 电阻器(0.5 W)

四、实验内容

在合适的位置选取一个 14P 插座,按定位标记插好 74LS20 集成块。

(1) 验证 TTL 集成与非门 74LS20 的逻辑功能

按图 1.6 接线,门的四个输入端接逻辑开关输出插口,以提供“0”与“1”电平信号,开关向上输出逻辑“1”,向下为逻辑“0”。门的输出端接由 LED 发光二极管组成的逻辑电平显示器(又称 0—1 指示器)的显示插口,LED 亮为逻辑“1”,不亮为逻辑“0”。按表 1.2 逐个测试集成块中两个与非门的逻辑功能。74LS20 有 4 个输入端,16 个最小项,在实际测试时,只要对 1111、0111、1011、1101、1110 5 项输入进行检测就可判断其逻辑功能是否正常。

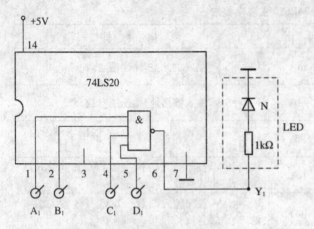

表 1.2　输入、输出值

输　　　入				输出	
A_n	B_n	C_n	D_n	Y_1	Y_2
1	1	1	1		
0	1	1	1		
1	0	1	1		
1	1	0	1		
1	1	1	0		

图 1.6　与非门逻辑功能测试电路

(2) 74LS20 主要参数的测试

① 分别按图 1.2、图 1.3、图 1.5(b)接线并进行测试,将测试结果记入表 1.3 中。

表 1.3　74LS20 主要参数

I_{CCL} (mA)	I_{CCH} (mA)	I_{IL} (mA)	I_{OL} (mA)	$N_O = \dfrac{I_{OL}}{I_{IL}}$	$t_{pd} = T/6$ (ns)

② 接图 1.4 接线,调节电位器 R_W,使 U_I 从 0 V 向高电平变化,逐点测量 U_I 和 U_O 的对应值,记入表 1.4 中。

表 1.4　U_I、U_O 值

$U_I(V)$	0	0.2	0.4	0.6	0.8	1.0	1.5	2.0	2.5	3.0	3.5	4.0	…
$U_O(V)$													

五、实验报告要求

(1) 记录、整理实验结果,并对结果进行分析。

(2) 画出实测的电压传输特性曲线,并从中读出各有关参数值。

实验 2　TTL 集电极开路门与三态输出门的应用

一、实验目的

(1) 掌握 TTL 集电极开路门(OC 门)的逻辑功能及应用。

(2) 了解集电极负载电阻 R_L 对集电极开路的影响。

(3) 掌握 TTL 三态输出门(3S 门)的逻辑功能及应用。

二、实验原理

数字系统中有时需要把两个或两个以上集成逻辑门的输出端直接并接在一起完成一定的逻辑功能。对于普通的 TTL 门电路,由于输出级采用了推拉式输出电路,无论输出是高电平还是低电平,输出阻抗都很低,因此,通常不允许将它们的输出端并接在一起使用。

集电极开路门和三态输出门是两种特殊的 TTL 门电路,它们允许把输出端直接并接在一起使用。

(1) TTL 集电极开路门(OC 门)

本实验所用 OC 与非门型号为两输入四与非门的 74LS03,内部逻辑图及引脚排列如图 2.1(a)、(b)所示。OC 与非门的输出管 VT_3 是悬空的。工作时,输出端必须通过一只外接电阻 R_L 和电源 E_C 相连,以保证输出电平符合电路要求。

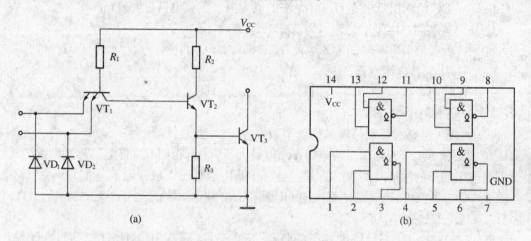

图 2.1　74LS03 内部结构及引脚排列

OC 门的应用主要有下述三个方面:

① 利用电路的"线与"特性方便地完成某些特定的逻辑功能

如图 2.2 所示,将两个 OC 与非门输出端直接并接在一起,则它们的输出:

$$F = F_A \cdot F_B = \overline{A_1 A_2} \cdot \overline{B_1 B_2} = \overline{A_1 A_2 + B_1 B_2}$$

即把两个(或两个以上)OC 与非门"线与",可完成"与或非"的逻辑功能。

② 实现多路信息采集,使两路以上的信息共用一个传输通道(总线)。

③ 实现逻辑电平的转换,以推动荧光数码管、继电器、MOS 器件等多种数字集成电路。

④ OC 门输出并联运用时,负载电阻 R_L 的选择

如图 2.3 所示电路由 n 个 OC 与非门"线与"驱动有 m 个输入端的 N 个 TTL 与非门,为保证 OC 与非门输出电平符合逻辑要求,负载电阻 R_L 阻值的选择范围为:

$$R_{Lmax} = \frac{E_C - U_{OH}}{nI_{OH} + mI_{IH}}, R_{Lmin} = \frac{E_C - U_{OL}}{I_{LM} + NI_{IL}}$$

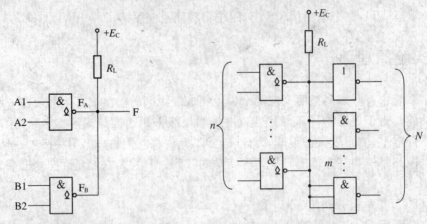

图 2.2　OC 与非门"线与"电路　　　　图 2.3　OC 与非门负载电阻 R_L 的确定

式中：I_{OH}——OC 门输出管截止时(输出高电平 U_{OH})的漏电流(约 50 μA)；

　　　　I_{LM}——OC 门输出低电平 U_{OL} 时允许的最大灌入负载电流(约 20 mA)；

　　　　I_{IH}——负载门高电平时的输入电流($<$50 μA)；

　　　　I_{IL}——负载门低电平时的输入电流($<$1.6 mA)；

　　　　E_C——R_L 外接电源电压；

　　　　n——OC 门个数；

　　　　N——负载门个数；

　　　　m——接入电路的负载门输入端总个数。

R_L 值须小于 R_{Lmax}，否则 U_{OH} 将下降；R_L 值须大于 R_{Lmin}，否则 U_{OL} 将上升。又因 R_L 的大小会影响输出波形的边沿时间，在工作速度较高时，R_L 应尽量选取接近 R_{Lmin}。

除了 OC 与非门外，还有其他类型的 OC 器件，R_L 的选取方法也与此类似。

(2) TTL 三态输出门(3S 门)

TTL 三态输出门是一种特殊的门电路，它与普通的 TTL 门电路结构不同，它的输出端除了通常的高电平、低电平两种状态外(这两种状态均为低阻态)，还有第三种输出状态——高阻态。处于高阻态时，电路与负载之间相当于开路。三态输出门按逻辑功能及控制方式来分有各种不同类型，本实验所用三态门的型号是三态输出四总线缓冲器 74LS125。

图 2.4(a)是三态输出四总线缓冲器的逻辑符号，它有一个控制端(又称禁止端或使能端)$\overline{E}$，$\overline{E}=0$ 为正常工作状态，实现 $Y=A$ 的逻辑功能；$\overline{E}=1$ 为禁止状态，输出 Y 呈现高阻态。这种在控制端加低电平时，电路才能正常工作的工作方式称低电平使能。图 2.4(b)为 74LS125 引脚排列。表 2.1 为功能表。

三态电路主要用途之一是实现总线传输，即用一个传输通道(称总线)，以选通方式传送多路信息。如图 2.5 所示，电路中把若干个三态 TTL 电路输出端直接连接在一起构成三态门总线。使用时，要求只有需要传输信息的三态控制端处于使能态($\overline{E}=0$)其余各门皆处于禁止状态($\overline{E}=1$)。由于三态门输出电路结构与普通 TTL 电路相同，显然，若同时有两个或两个以上三态门的控制端处于使能态，将出现与普通 TTL 门"线与"运用时同样的问题，因而是绝对不允许的。

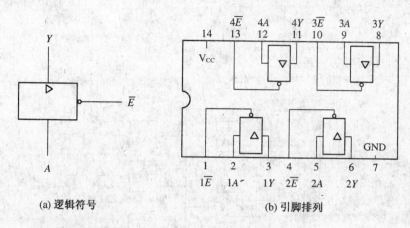

(a) 逻辑符号　　　　(b) 引脚排列

图 2.4　三态输出门

表 2.1　功能表

输	入	输　出
$\bar{E}$	A	Y
0	0	0
	1	1
1	0	高阻态
	1	

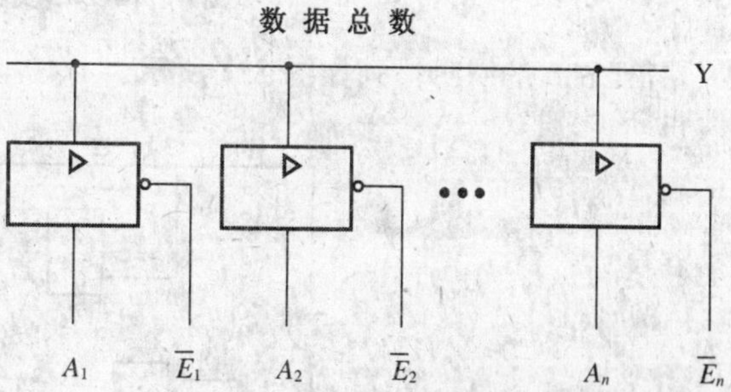

图 2.5　三态输出门实现总线传输

三、实验设备与器件

(1) ＋5 V 直流电源

(2) ＋15 V 直流电源

(3) 示波器

(4) 直流数字电压表

(5) 单次脉冲源

(6) 连续脉冲源

(7) 逻辑电平开关

(8) 0—1 指示器

(9) 74LS03×1、74LS125×1、74LS00×1

四、实验内容

(1) TTL 集电极开路与非门 74LS03 负载电阻 R_L 的确定

实验电路如图 2.6 所示。

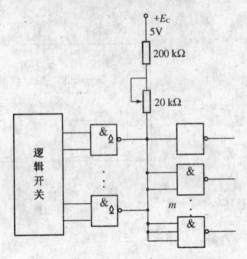

图 2.6　74LS03 负载电阻 R_L 的确定

74LS00 的引脚排列如图 2.7 所示。

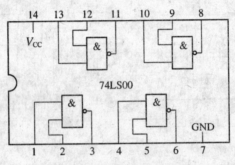

图 2.7　74LS00 的引脚排列

取 $E_C = 5\,\text{V}$,接通电源,用逻辑开关改变两个 OC 门的输入状态。先使 OC 门"线与"输出高电平,调节 R_W,使 $U_{OH} = 3.5\,\text{V}$,测得此时的 R_L 即为 R_{Lmax};再使电路输出低电平 $U_{OL} = 0.3\,\text{V}$,测得此时的 R_L 即为 R_{Lmin}。

（2）集电极开路门的应用

① 用 OC 门实现 $F = \overline{A_1 A_2} \cdot \overline{B_1 B_2}$,外接负载电阻 R_L 自定。

② 用 OC 门实现 $F = A\overline{B} + CD + \overline{EF}$,实验时输入变量允许用原变量和反变量,外接负载电阻 R_L 自定。

（3）三态输出门

① 测试 74LS125 三态输出门的逻辑功能

三态门输入端接逻辑开关,控制端接单脉冲源,输出端接 0—1 指示器显示插口。逐个测试集成块中四个门的逻辑功能,记入表 2.2 中。

表 2.2　三态输出门的测试

输　入		输　出			
$\overline{E}$	A	1	2	3	4
0	0				
	1				
1	0				
	1				

（2）三态输出门的应用

按图 2.8 接线。

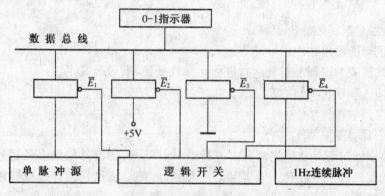

图 2.8　三态输出门的应用

　　输入端按图 2.8 加输入信号，控制端接逻辑开关，输出端接 0—1 指示器显示插口。先使四个三态门的控制端均为高电平"1"，即处于禁止状态，方可接通电源；然后轮流使其中一个门的控制端接低电平"0"，观察总线的逻辑状态。

　　注意：应先使工作的三态门转换到禁止状态，再让另一个门开始传递数据。记录实验结果。

五、实验报告要求

　　（1）画出实验电路图，并标出有关处的外接元件值。

　　（2）整理分析实验结果，总结集成电极开路门和三态输出门的优缺点。

　　（3）在使用总线传输时，总线上能不能同时接 OC 门与三态输出门？为什么？

实验 3　组合逻辑电路实验分析

一、实验目的

（1）掌握组合逻辑电路的分析方法与测试方法。
（2）了解组合电路的竞争-冒险现象并掌握其消除方法。

二、实验原理

（1）一般组合电路的分析步骤
① 根据逻辑图写出输出函数的表达式。
② 用公式法或卡诺图法对表达式进行化简或变换，求最简式。
③ 列出输入和输出变量的真值表。
④ 说明电路的逻辑功能。

（2）竞争-冒险现象

组合电路设计过程是在理想情况下进行的，即假设一切器件均没有延迟效应，输入、输出处于稳定的逻辑电平下进行。但实际上并非如此，信号通过任何导线或器件都需要一段响应时间。由于制造工艺上的原因，各器件延迟时间不同，这就有可能在一个组合电路中，在输入信号发生变化时，产生错误的输出。这种输出出现瞬时错误的现象称为组合电路的冒险现象（简称险象）。本实验仅对逻辑冒险中的 0 型与 1 型冒险进行研究。

① 0 型静态险象如图 3.1 所示，其输出函数 $Z = A + \overline{A}$，在电路达到稳定即静态时，输出 Z 总是 1。但从上图可见，输出 Z 的某些瞬时会出现 0，这是由于 $\overline{A}$ 经非门有延迟，即电路存在静态 0 型险象。

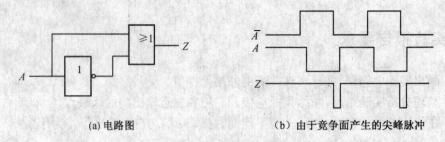

　　　　（a）电路图　　　　　　　　　　（b）由于竞争面产生的尖峰脉冲

图 3.1　0 型静态险象

② 1 型静态险象如图 3.2 所示，其输出函数 $Z = A\overline{A}$，在电路达到稳定时，输出 Z 总是 0。但从图中可见，输出 Z 的某瞬时会出现 1，即电路存在静态 1 型险象。

③ 消除的方法

a. 接入滤波电容：简单易行，但使波形变坏。

b. 增加校正项，可以用卡诺图的方法来判断组合电路是否存在静态险象以及找出校正项来消除静态险象。即 0 型静态险象检查被赋值各变量的"乘积项";1 型静态险象检查被赋值各变量的"和项"。

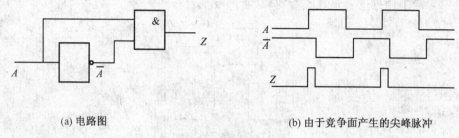

(a) 电路图　　　　　　　　　　　(b) 由于竞争面产生的尖峰脉冲

图 3.2　1 型静态险象

三、实验设备与器件

(1) +5 V 直流电源　　　　　　　(2) 双踪示波器
(3) 连续脉冲源　　　　　　　　(4) 逻辑电平开关
(5) 0-1 指示器　　　　　　　　(6) CC4011×1、CC4030×1、CC4071×1

四、实验内容

(1) 分析、测试用与非门 CC4011 组成的半加器的逻辑功能

① 写出图 3.3 中 Z_1、Z_2、Z_3、S、C 的逻辑表达式。

② 化简表达式。

③ 根据化简后的表达式列出真值表。

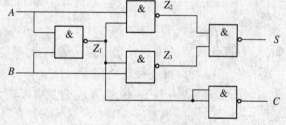

④ 选定两个 14P 插座,插好两片 CC4011,并接好连线。A、B 两输入端接至逻辑开关的输出插口。S、C 分别接至逻辑电平显示插口。当 A、B 取不同值

图 3.3　用与非门组成的半加器

时,测出的 S、C 的值填入表 3.1 中,并将结果与上面列的真值表进行比较,看两者是否一致。

表 3.1　S、C 值

A	B	S	C
0	0		
0	1		
1	0		
1	1		

(2) 分析、测试用异或门 CC4030 和与非门 CC4011 组成的半加器的逻辑功能

① 写出图 3.4 中 S、C 的逻辑表达式。

② 列出 S、C 的真值表。

③ 将 CC4030 和 CC4011 连接进电路,测试方法同(1):A、B 取不同值时,测出 S、C 的值,并将结果与上面列的真值表进行比较,看两者是否一致。

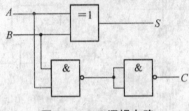

图 3.4　S、C 逻辑电路

(3) 分析、测试全加器的逻辑电路

① 写出图 3.5 中 S、X_1、X_2、X_3、S_i、C_i 的逻辑表达式。

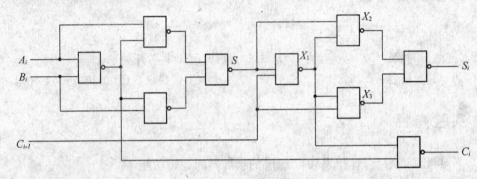

图 3.5　S_i、C_i 逻辑电路

② 化简表达式。

③ 根据化简后的表达式列出真值表。

④ 将三片 CC4011 连接进电路,A_i、B_i、C_i-1 接逻辑开关,S_i、C_i 接显示端口。A_i、B_i、C_i-1 取不同值,将测试结果 S_i、C_i 填入表 3.2 中,与上面列的真值表进行比较,看逻辑功能是否一致。

表 3.2　S_i、C_i 真值表

A_i	B_i	C_{i-1}	S_i	C_i
0	0	0		
0	1	0		
1	0	0		
1	1	0		
0	0	1		
0	1	1		
1	0	1		
1	1	1		

（4）观察冒险现象

实验电路如图 3.6 所示。

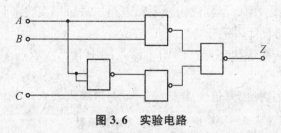

图 3.6　实验电路

当 $B=1$、$C=1$ 时，A 输入矩形波（f 在 1 MHz 以上），用示波器观察 Z 的输出波形。用添加校正项的方法消除险象。

五、实验报告要求

（1）整理实验结果，填入相应表格中，写出逻辑表达式，并分析各电路的逻辑功能。

（2）总结用实验来分析组合逻辑电路功能的方法。

实验 4　组合逻辑电路的设计与测试

一、实验目的

掌握组合逻辑电路的设计与测试方法。

二、实验原理

（1）设计组合电路的一般步骤（见图 4.1）

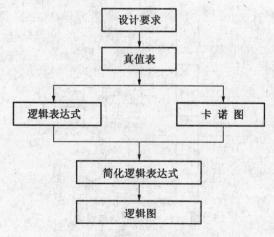

图 4.1　组合逻辑电路设计流程图

　　根据设计任务的要求建立输入、输出变量,并列出真值表。然后用逻辑代数或卡诺图化简法求出简化的逻辑表达式,并按实际选用逻辑门的类型修改逻辑表达式。根据简化后的逻辑表达式,画出逻辑图,用标准器件构成逻辑电路。最后用实验来验证设计的正确性。

　　(2) 组合逻辑电路设计举例

　　用"与非"门设计一个表决电路。当四个输入端中有三个或四个为"1"时,输出端才为"1"。

　　设计步骤:根据题意列出真值表如表 4.1 所示,再填入表 4.2 中。

表 4.1　表决电路真值表

D	0	0	0	0	0	0	0	0	1	1	1	1	1	1	1	1
A	0	0	0	0	1	1	1	1	0	0	0	0	1	1	1	1
B	0	0	1	1	0	0	1	1	0	0	1	1	0	0	1	1
C	0	1	0	1	0	1	0	1	0	1	0	1	0	1	0	1
Z	0	0	0	0	0	0	0	1	0	0	0	1	0	1	1	1

表 4.2　四变量卡诺图

BC＼DA	00	01	11	10
00				
01			1	
11		1	1	1
10			1	

　　由卡诺图得出逻辑表达式,并演化成"与非"的形式:

$$Z = ABC + BCD + ACD + ABD = \overline{\overline{ABC} \cdot \overline{BCD} \cdot \overline{ACD} \cdot \overline{ABC}}$$

　　根据逻辑表达式画出用"与非门"构成的逻辑电路如图 4.2 所示。

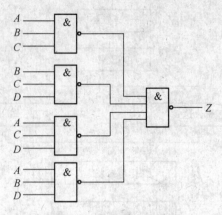

图 4.2　表决电路逻辑图

在实验装置适当位置选定三个 14P 插座,按照集成块定位标记插好集成块 CC4012。按图 4.2 接线,输入端 A、B、C、D 接至逻辑开关输出插口,输出端 Z 接至逻辑电平显示输入插口,按真值表(自拟)要求,逐次改变输入变量,测量相应的输出值,验证逻辑功能,与表 4.1 进行比较,验证所设计的逻辑电路是否符合要求。

三、实验设备与器件

(1) +5 V 直流电源　　　　　　　　　　(2) 逻辑电平开关

(3) 逻辑电平显示器　　　　　　　　　　(4) 直流数字电压表

(5) CC4011×2(74LS00)、

CC4012×3(74LS20)、CC4030(74LS86)、

CC4081(74LS08)、74LS54×2(CC4085)、

CC4001(74LS02)

四、实验内容

(1) 设计用与非门及用异或门、与门组成的半加器电路,要求按本文所述的设计步骤进行,直到测试电路逻辑功能符合设计要求为止。

(2) 设计一个 1 位全加器,要求用异或门、与门、或门组成。

(3) 设计一位全加器,要求用与或非门实现。

(4) 设计一个对两个 2 位无符号二进制数进行比较的电路。根据第一个数是否大于、等于、小于第二个数,使相应的三个输出端中的一个输出为"1",要求用与门、与非门及或非门实现。

五、实验报告要求

(1) 列写实验任务的设计过程,画出设计的电路图(见图 4.3)。

(2) 对所设计的电路进行实验测试,记录测试结果。

(3) 拟写组合电路设计体会。

注:采用四路 2-3-3-2 输入与或非门 74LS54。逻辑表达式 $Y = \overline{A \cdot B + C \cdot D \cdot E + F \cdot G \cdot H + I \cdot J}$。

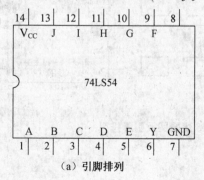

(a) 引脚排列

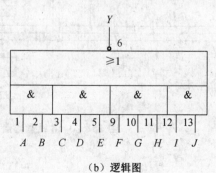

(b) 逻辑图

图 4.3　逻辑图

实验 5　译码器及其应用

一、实验目的

(1) 掌握译码器的逻辑功能及其基本应用。

(2) 熟悉数码管的使用。

二、实验原理

译码器是一个多输入、多输出的组合逻辑电路。它的作用是把给定的代码进行"翻译",变成相应的状态,使输出通道中相应的一路有信号输出。译码器在数字系统中有广泛的用途,不仅可用于代码的转换、终端的数字显示,还可用于数据分配、存储器寻址和组合控制信号等。不同的功能可选用不同种类的译码器。

译码器分为通用译码器和显示译码器两大类,前者又分为变量译码器和代码变换译码器。

(1) 变量译码器

变量译码器(又称二进制译码器)用以表示输入变量的状态,如 2 线－4 线、3 线－8 线和 4 线－16 线译码器。若有 n 个输入变量,则有 $2n$ 个不同的组合状态,就有 $2n$ 个输出端供其使用,而每一个输出所代表的函数对应于 n 个输入变量的最小项。

以 3 线－8 线译码器 74LS138 为例进行分析,图 5.1(a)、(b)分别为其逻辑图及引脚排列。其中 A_2、A_1、A_0 为地址输入端,$\overline{Y_0} \sim \overline{Y_7}$ 为译码输出端,S_1、$\overline{S_2}$、$\overline{S_3}$ 为使能端。

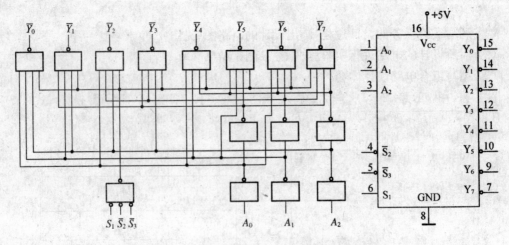

图 5.1　3－8 线译码器 74LS138 逻辑图及引脚排列

表 5.1 为 74LS138 功能表。当 $S_1 = 1$、$\overline{S_2} + \overline{S_3} = 0$ 时，器件使能，地址码所指定的输出端有信号（为 0）输出，其他所有输出端均无信号（全为 1）输出。当 $S_1 = 0$、$\overline{S_2} + \overline{S_3} = \times$ 时，或 $\overline{S_1} = \times$、$\overline{S_2} + \overline{S_3} = 1$ 时，译码器被禁止，所有输出同时为 1。

表 5.1　74LS138 功能表

输	入				输	出						
S_1	$\overline{S_2} + \overline{S_3}$	A_2	A_1	A_0	$\overline{Y_0}$	$\overline{Y_1}$	$\overline{Y_2}$	$\overline{Y_3}$	$\overline{Y_4}$	$\overline{Y_5}$	$\overline{Y_6}$	$\overline{Y_7}$
1	0	0	0	0	0	1	1	1	1	1	1	1
1	0	0	0	1	1	0	1	1	1	1	1	1
1	0	0	1	0	1	1	0	1	1	1	1	1
1	0	0	1	1	1	1	1	0	1	1	1	1
1	0	1	0	0	1	1	1	1	0	1	1	1
1	0	1	0	1	1	1	1	1	1	0	1	1
1	0	1	1	0	1	1	1	1	1	1	0	1
1	0	1	1	1	1	1	1	1	1	1	1	0
0	$\times$	$\times$	$\times$	$\times$	1	1	1	1	1	1	1	1
$\times$	1	$\times$	$\times$	$\times$	1	1	1	1	1	1	1	1

若利用使能端中的一个输入端输入数据信息，二进制译码器就成为一个数据分配器（又称多路分配器），如图 5.2 所示。若在 S_1 端输入数据信息，$\overline{S_2} = \overline{S_3} = 0$，地址码所对应的输出是 S_1 端数据信息的反码；若从 $\overline{S_2}$ 端输入数据信息，令 $S_1 = 1$、$\overline{S_3} = 0$，地址码所对应的输出就是 $\overline{S_2}$ 端数据信息的原码。若数据信息是时钟脉冲，则数据分配器便成为时钟脉冲分配器。

二进制译码器能根据输入地址的不同组合译出唯一的地址，故可用作地址译码器。若接成多路分配器，可将一个信号源的数据信息传输到不同的地点。它还能方便地实现逻辑函数。如图 5.3 所示，实现的逻辑函数是：

$$Z = \overline{A}\,\overline{B}\,\overline{C} + \overline{A}B\overline{C} + A\overline{B}\,\overline{C} + ABC$$

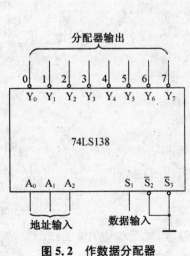

图 5.2　作数据分配器

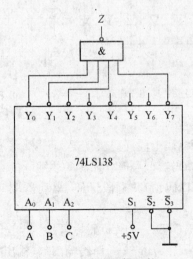

图 5.3　实现逻辑函数

利用使能端能方便地将两个 3 线—8 线译码器组合成一个 4 线—16 线译码器,如图 5.4 所示。

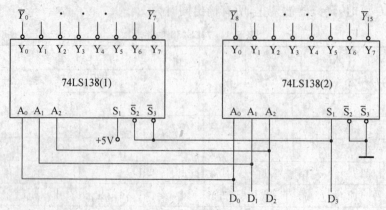

图 5.4　用两片 74LS138 组合成 4/16 译码器

(2) 数码显示译码器

① 七段发光二极管(LED)数码管

LED 数码管是目前最常用的数字显示器,图 5.5(a)、(b)为共阴管和共阳管的电路,(c)为两种不同出线形式的引脚功能图。

一个 LED 数码管可用来显示一位 0~9 十进制数和一个小数点。小型数码管(0.5 in 和 0.36 in)每段发光二极管的正向压降随显示光(通常为红、绿、黄、橙)颜色的不同略有差别,通常约为 2~2.5 V,每个发光二极管的点亮电流在 5~10 mA。LED 数码管要显示 BCD 码所表示的十进制数字需要有一个专门的译码器,该译码器不但要完成译码功能,还要有相当的驱动能力。

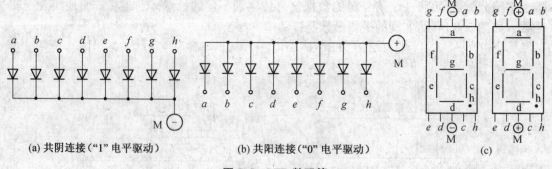

(a) 共阴连接("1" 电平驱动)　　　　(b) 共阳连接("0" 电平驱动)　　　　(c)

图 5.5　LED 数码管

② BCD 码七段译码驱动器

此类译码器型号有 74LS47(共阳)、74LS48(共阴)、CC4511(共阴)等。本实验系采用 CC4511BCD 码锁存/七段译码/驱动器驱动共阴极 LED 数码管。图 5.6 为 CC4511 引脚排列。

其中:A、B、C、D——BCD 码输入端。

a、b、c、d、e、f、g—— 译码输出端,输出"1"有效,用来驱动共阴极 LED 数码管。

$\overline{LT}$—— 测试输入端。$\overline{LT}$ = "0" 时,译码输出全为"1"。

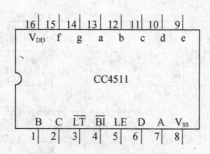

图 5.6 CC4511 引脚排列

$\overline{BI}$——消隐输入端。$\overline{BI}$ ="0"时,译码输出全为"0"。

LE——锁定端。LE="1"时,译码器处于锁定(保持)状态,译码输出保持 LE=0 时的数值;LE=0 时正常译码。

表 5.2 为 CC4511 功能表。CC4511 内接有上拉电阻,故只需在输出端与数码管笔段之间串入限流电阻即可工作。译码器还有拒伪码功能,当输入码超过 1001 时,输出全为"0",数码管熄灭。

表 5.2 CC4511 功能表

输 入							输 出							
LE	$\overline{BI}$	$\overline{LT}$	D	C	B	A	a	b	c	d	e	f	g	显示字形
×	×	0	×	×	×	×	1	1	1	1	1	1	1	8
×	0	1	×	×	×	×	0	0	0	0	0	0	0	消隐
0	1	1	0	0	0	0	1	1	1	1	1	1	0	0
0	1	1	0	0	0	1	0	1	1	0	0	0	0	1
0	1	1	0	0	1	0	1	1	0	1	1	0	1	2
0	1	1	0	0	1	1	1	1	1	1	0	0	1	3
0	1	1	0	1	0	0	0	1	1	0	0	1	1	4
0	1	1	0	1	0	1	1	0	1	1	0	1	1	5
0	1	1	0	1	1	0	0	0	1	1	1	1	1	b
0	1	1	0	1	1	1	1	1	1	0	0	0	0	7
0	1	1	1	0	0	0	1	1	1	1	1	1	1	8
0	1	1	1	0	0	1	1	1	1	0	0	1	1	9

（续表 5.2）

输　入							输　出							显示字形
LE	$\overline{BI}$	$\overline{LT}$	D	C	B	A	a	b	c	d	e	f	g	
0	1	1	1	0	1	0	0	0	0	0	0	0	0	消隐
0	1	1	1	0	1	1	0	0	0	0	0	0	0	消隐
0	1	1	1	1	0	0	0	0	0	0	0	0	0	消隐
0	1	1	1	1	0	1	0	0	0	0	0	0	0	消隐
0	1	1	1	1	1	0	0	0	0	0	0	0	0	消隐
0	1	1	1	1	1	1	0	0	0	0	0	0	0	消隐
1	1	1	×	×	×	×	锁　存							锁存

　　在本数字电路实验装置上已完成译码器 CC4511 和数码管 BS202 之间的连接。实验时，只要接通＋5 V 电源并将十进制数的 BCD 码接至译码器的相应输入端 A、B、C、D 即可显示 0～9 的数字。四位数码管可接受四组 BCD 码输入。CC4511 与 LED 数码管的连接如图 5.7 所示。

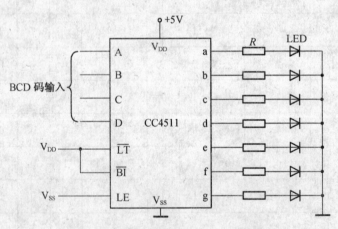

图 5.7　CC4511 驱动一位 LED 数码管

三、实验设备与器件

　　（1）＋5 V 直流电源　　　　（2）双踪示波器
　　（3）连续脉冲源　　　　　　（4）逻辑电平开关
　　（5）逻辑电平显示器　　　　（6）拨码开关组
　　（7）译码显示器　　　　　　（8）74LS138×2、CC4511

四、实验内容

（1）数据拨码开关的使用

将实验装置上的四组拨码开关的输出 A_i、B_i、C_i、D_i 分别接至四组显示译码驱动器 CC4511 的对应输入口，LE、$\overline{BI}$、$\overline{LT}$ 接至三个逻辑开关的输出插口，接上 $+5\,V$ 显示器电源，然后按功能表表5.2的要求揿动四个数码的增减键（"＋"与"－"键），并操作与 LE、$\overline{BI}$、$\overline{LT}$ 对应的三个逻辑开关，观测拨码盘上的四位数与 LED 数码管显示的数字是否一致及译码显示是否正常。

（2）74LS138 译码器逻辑功能测试

将译码器使能端 S_1、$\overline{S}_2$、$\overline{S}_3$ 及地址端 A_2、A_1、A_0 分别接至逻辑电平开关输出口，八个输出端 $\overline{Y}_7 \cdots \overline{Y}_0$ 依次连接在逻辑电平显示器的八个输入口上，拨动逻辑电平开关，按表 5.1 逐项测试 74LS138 的逻辑功能。

（3）用 74LS138 构成时序脉冲分配器

参照图 5.2 和实验原理说明，时钟脉冲 CP 频率约为 $1\,Hz$，要求分配器输出端 $\overline{Y}_0 \cdots \overline{Y}_7$ 的信号与 CP 输入信号同相。用 0—1 指示器观察输出状态。

画出分配器的实验电路，将时钟脉冲 CP 频率调为 $10\,kHz$，用示波器观察和记录地址端 A_2、A_1、A_0 分别取 $000 \sim 111$ 八种不同状态时 $\overline{Y}_0 \cdots \overline{Y}_7$ 端的输出波形，注意输出波形与 CP 输入波形之间的相位关系。

（4）用两片 74LS138 组合成一个 4 线—16 线译码器

五、实验报告要求

（1）画出实验线路，把观察到的波形画在坐标纸上，并标上对应的地址码。

（2）对实验结果进行分析、讨论。

（3）使用数码管有哪些注意事项。

实验 6　触发器及其应用

一、实验目的

（1）掌握基本 RS、JK、D 和 T 触发器的逻辑功能。

（2）掌握集成触发器的逻辑功能及使用方法。

（3）熟悉触发器之间相互转换的方法。

二、实验原理

触发器具有两个稳定状态，用以表示逻辑状态"1"和"0"，在一定的外界信号作用下，可以从一个稳定状态翻转到另一个稳定状态,它是一个具有记忆功能的二进制信息存储器件,是构成各种时序电路的最基本逻辑单元。

(1) 基本 RS 触发器

图 6.1 为由两个与非门交叉耦合构成的基本 RS 触发器,它是无时钟控制低电平直接触发的触发器。基本 RS 触发器具有置"0"、置"1"和"保持"三种功能。通常称 $\overline{S}$ 为置"1"端,因为 $\overline{S} = 0$($\overline{R} = 1$)时,触发器被置"1";$\overline{R}$ 为置"0"端,因为 $\overline{R} = 0$($\overline{S} = 1$)时,触发器被置"0"。当 $\overline{S} = \overline{R} = 1$ 时状态保持;$\overline{S} = \overline{R} = 0$ 时,触发器状态不定,应避免此种情况发生,表 6.1 为基本 RS 触发器的功能表。

基本 RS 触发器也可以用两个"或非门"组成,此时为高电平触发有效。

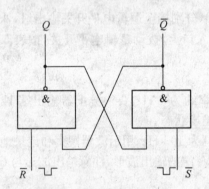

图 6.1　基本 RS 触发器

表 6.1　RS 触发器功能表

输 入		输 出	
$\overline{S}$	$\overline{R}$	Q_{n+1}	$\overline{Q}_{n+1}$
0	1	1	0
1	0	0	1
1	1	Q^n	$\overline{Q}^n$
0	0	φ	φ

(2) JK 触发器

在输入信号为双端的情况下,JK 触发器是功能完善、使用灵活和通用性较强的一种触发器。本实验采用 74LS112 双 JK 触发器,它是下降边沿触发的边沿触发器,引脚功能及逻辑符号如图 6.2 所示。

JK 触发器的状态方程为:

$$Q_{n+1} = J\overline{Q}_n + \overline{K}Q_n$$

J 和 K 是数据输入端,是触发器状态更新的依据,当 J、K 有两个或两个以上输入端时,组成"与"的关系。Q 与 $\overline{Q}$ 为两个互补输出端。通常把 $Q = 0$、$\overline{Q} = 1$ 的状态定为触发器的"0"状态;而把 $Q = 1$,$\overline{Q} = 0$ 的状态定为"1"状态。

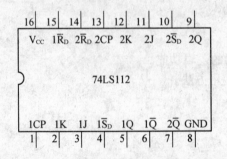
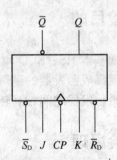

图 6.2　74LS112 双 JK 触发器引脚排列及逻辑符号

下降沿触发的 JK 触发器的功能如表 6.2 所示。

表 6.2　下降沿触发 JK 触发器功能表

输　入					输　出	
$\overline{S}_D$	$\overline{R}_D$	CP	J	K	Q_{n+1}	$\overline{Q}_{n+1}$
0	1	×	×	×	1	0
1	0	×	×	×	0	1
0	0	×	×	×	φ	φ
1	1	↓	0	0	Q^n	$\overline{Q}^n$
1	1	↓	1	0	1	0
1	1	↓	0	1	0	1
1	1	↓	1	1	$\overline{Q}^n$	Q^n
1	1	↑	×	×	Q^n	$\overline{Q}^n$

注：×— 任意态；↓ — 高电平到低电平的跳变；↑— 低电平到高电平的跳变；$Q_n(\overline{Q}_n)$— 现态；$Q_{n+1}(\overline{Q}_{n+1})$— 次态；
　　φ— 不定态。

JK 触发器常被用作缓冲存储器，移位寄存器和计数器。

（3）D 触发器

在输入信号为单端的情况下，D 触发器用起来最为方便，其状态方程为：

$$Q_{n+1} = D_n$$

其输出状态的更新发生在 CP 脉冲的上升沿，故又称为上升沿触发的边沿触发器，触发器的状态只取决于时钟到来前 D 端的状态。D 触发器的应用很广，可用作数字信号的寄存、移位寄存、分频和波形发生等。有很多种型号可供各种用途的需要选用，如双 D74LS74、四 D74LS175、六 D74LS174 等。

图 6.3 为双 D74LS74 的引脚排列及逻辑符号。功能如表 6.3 所示。

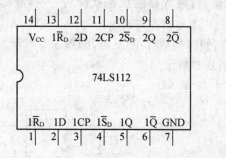
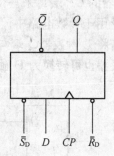

图 6.3　74LS74 引脚排列及逻辑符号

表 6.3　D 触发器功能表

输　入				输　出	
$\overline{S}_D$	$\overline{R}_D$	CP	D	Q_{n+1}	$\overline{Q}_{n+1}$
0	1	×	×	1	0
1	0	×	×	0	1
0	0	×	×	φ	φ
1	1	↑	1	1	0
1	1	↑	0	0	1
1	1	↓	×	Q_n	$\overline{Q}_n$

表 6.4　T 触发器功能表

输　入				输　出
$\overline{S}_D$	$\overline{R}_D$	CP	T	Q_{n+1}
0	1	×	×	1
1	0	×	×	0
1	1	↓	0	Q_n
1	1	↓	1	$\overline{Q}_n$

（4）触发器之间的相互转换

在集成触发器产品中，每一种触发器都有自己固定的逻辑功能，但可以利用转换的方法使其成为具有其他功能的触发器。例如将 JK 触发器的 J、K 两端连在一起，并认为是 T 端，就得到所需的 T 触发器，如图 6.4(a)所示，其状态方程为：$Q_{n+1} = T\overline{Q}_n + \overline{T}Q_n$。T 触发器的功能如表 6.4 所示。

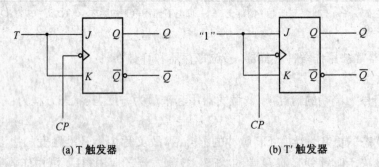

(a) T 触发器　　　　　　　　　(b) T′ 触发器

图 6.4　JK 触发器转换为 T、T′ 触发器

由功能表可见，当 $T=0$ 时，时钟脉冲作用后，其状态保持不变；当 $T=1$ 时，时钟脉冲作用后，触发器状态翻转。所以，若将 T 触发器的 T 端置"1"，如图 6.4(b)所示，即得 T′ 触发器。T′ 触发器的 CP 端每来一个 CP 脉冲信号，触发器的状态就翻转一次，故称之为反转触发器，它广泛用于计数电路中。

同样，若将 D 触发器 $\overline{Q}$ 端与 D 端相连，便转换成 T′ 触发器，如图 6.5 所示。

JK 触发器也可转换为 D 触发器，如图 6.6 所示。

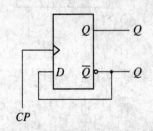

图 6.5　D 触发器转成 T′ 触发器

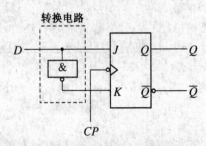

图 6.6　JK 触发器转成 D 触发器

（5）CMOS 触发器

① CMOS 边沿型 D 触发器

CC4013 是由 CMOS 传输门构成的边沿型 D 触发器。它是上升沿触发的双 D 触发器，表 6.5 为其功能表，图 6.7 为引脚排列。

表 6.5　CMOS 边沿型 D 触发器

输　入				输　出
S	R	CP	D	Q_{n+1}
1	0	$\times$	$\times$	1
0	1	$\times$	$\times$	0
1	1	$\times$	$\times$	φ
0	0	$\uparrow$	1	1
0	0	$\uparrow$	0	0
0	0	$\downarrow$	$\times$	Q_n

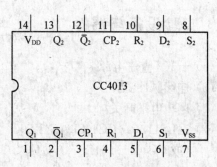

图 6.7　双上升沿 D 触发器

② CMOS 边沿型 JK 触发器

CC4027 是由 CMOS 传输门构成的边沿型 JK 触发器（见图 6.8）。它是上升沿触发的双 JK 触发器，表 6.6 为其功能表，图 6.8 为引脚排列。

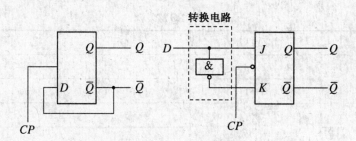

图 6.8　CC4027 转换电路

表 6.6　边沿型 JK 触发器

输　入					输　出
S	R	CP	J	K	Q_{n+1}
1	0	$\times$	$\times$	$\times$	1
0	1	$\times$	$\times$	$\times$	0
1	1	$\times$	$\times$	$\times$	φ
0	0	$\uparrow$	0	0	Q_n
0	0	$\uparrow$	1	0	1
0	0	$\uparrow$	0	1	0
0	0	$\uparrow$	1	1	$\overline{Q_n}$
0	0	$\downarrow$	$\times$	$\times$	Q_n

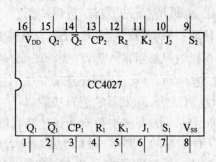

图 6.9　双上升沿 JK 触发器

CMOS 触发器的直接置位、复位输入端 S 和 R 是高电平有效,当 $S=1$(或 $R=1$)时,触发器将不受其他输入端所处状态的影响,直接接置 1(或置 0)。但直接置位、复位输入端 S 和 R 必须遵守 $RS=0$ 的约束条件。CMOS 触发器在按逻辑功能工作时,S 和 R 必须均置 0。

三、实验设备与器件

(1) +5 V 直流电源　　　　　　　　(2) 双踪示波器
(3) 连续脉冲源　　　　　　　　　　(4) 单次脉冲源
(5) 逻辑电平开关　　　　　　　　　(6) 逻辑电平显示器
(7) 74LS112(或 CC4027)、74LS00
　　(或 CC4011)、74LS74(或 CC4013)

四、实验内容

(1) 测试基本 RS 触发器的逻辑功能

按图 6.1,用两个与非门组成基本 RS 触发器,输入端 $\overline{R}$、$\overline{S}$ 接逻辑开关的输出插口,输出端 Q、$\overline{Q}$ 接逻辑电平显示输入插口,按表 6.7 要求测试并记录。

表 6.7　RS 触发器

$\overline{R}$	$\overline{S}$	Q	$\overline{Q}$
1	$1\rightarrow0$		
	$0\rightarrow1$		
$1\rightarrow0$	1		
$0\rightarrow1$			
0	0		

(2) 测试双 JK 触发器 74LS112 的逻辑功能

① 测试 $\overline{R}_D$、$\overline{S}_D$ 的复位、置位功能

任取一只 JK 触发器,$\overline{R}_D$、$\overline{S}_D$、J、K 端接逻辑开关输出插口,CP 端接单次脉冲源,Q、$\overline{Q}$ 端接至逻辑电平显示输入插口。要求改变 $\overline{R}_D$、$\overline{S}_D$(J、K、CP 处于任意状态),并在 $\overline{R}_D=0(\overline{S}_D=1)$ 或 $\overline{S}_D=0(\overline{R}_D=1)$ 时任意改变 J、K 及 CP 的状态,观察 Q、$\overline{Q}$ 状态。自拟表格并记录。

② 测试 JK 触发器的逻辑功能

按表 6.8 的要求改变 J、K、CP 端状态,观察 Q、$\overline{Q}$ 状态变化,观察触发器状态更新是否发生在 CP 脉冲的下降沿(即 CP 由 $1\rightarrow0$)并记录。

③ 将 JK 触发器的 J、K 端连在一起,构成 T 触发器。

在 CP 端输入 1 Hz 连续脉冲,用 0—1 指示器观察 Q 端的变化。

在 CP 端输入 1 kHz 连续脉冲,用双踪示波器观察 CP、Q、$\overline{Q}$ 端波形,注意相位关系并绘图。

表 6.8　双 JK 触发器的测试

J K	CP	Q_{n+1}	
		$Q_n = 0$	$Q_n = 1$
0　0	0→1		
	1→0		
0　1	0→1		
	1→0		
1　0	0→1		
	1→0		
1　1	0→1		
	1→0		

（3）测试双 D 触发器 74LS74 的逻辑功能

① 测试 $\overline{R}_D$、$\overline{S}_D$ 的复位、置位功能

测试方法同实验内容（2），自拟表格记录。

② 测试 D 触发器的逻辑功能

按表 6.9 要求进行测试，并观察触发器状态更新是否发生在 CP 脉冲的上升沿（即由 0→1）并记录。

表 6.9　双 D 触发器的测试

D	CP	Q_{n+1}	
		$Q_n = 0$	$Q_n = 1$
0	0→1		
	1→0		
1	0→1		
	1→0		

③ 将 D 触发器的 $\overline{Q}$ 端与 D 端相连接，构成 T' 触发器。

测试方法同实验内容（2）并记录。

（4）双相时钟脉冲电路

用 JK 触发器及与非门构成的双相时钟脉冲电路如图 6.10 所示，此电路是用来将时钟脉冲 CP 转换成两相时钟脉冲 CP_A 及 CP_B，其频率相同、相位不同。

分析电路工作原理并按图 6.9 接线，用双踪示波器同时观察 CP、CP_A；CP、CP_B 及 CP_A、CP_B 波形并绘图，或用逻辑电平显示器显示 CP、CP_A、CP_B 的状态。

（5）乒乓球练习电路

电路功能要求：模拟两名运动员在练球时乒乓球的往返运转。

提示：采用双 D 触发器 74LS74 设计实验线路，两个 CP 端触发脉冲分别由两名运动员操作，两触发器的输出状态用逻辑电平显示器显示。

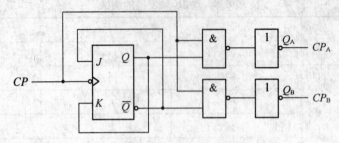

图 6.10　双相时钟脉冲电路

五、实验报告要求

(1) 列表整理各类触发器的逻辑功能。

(2) 总结观察到的波形,说明触发器的触发方式。

(3) 体会触发器的应用。

(4) 利用普通的机械开关组成的数据开关所产生的信号是否可作为触发器的时钟脉冲信号? 为什么? 是否可以作为触发器其他输入端的信号? 为什么?

实验 7　计数器及其应用

一、实验目的

(1) 学习用集成触发器构成计数器的方法。

(2) 掌握中规模集成计数器的使用及功能测试方法。

(3) 运用集成计数计构成 1/N 分频器。

二、实验原理

计数器是一个用以实现计数功能的时序部件,它不仅可用来计脉冲数,还常用做数字系统的定时、分频,执行数字运算以及其他特定的逻辑功能。

计数器种类很多。按构成计数器的各触发器是否使用一个时钟脉冲源来分,有同步计数器和异步计数器;根据计数制的不同,分为二进制计数器、十进制计数器和任意进制计数器;根据计数的增减趋势,分为加法、减法和可逆计数器;还有可预置数和可编程序功能计数器等等。目前,无论是 TTL 门电路还是 CMOS 集成电路,都有品种较齐全的中规模集成计数器。使用者只要借助于器件手册提供的功能表和工作波形图以及引出端的排列,就能正确地运用这些器件。

(1) 用 D 触发器构成异步二进制加/减计数器

图 7.1 是用四只 D 触发器构成的四位二进制异步加法计数器,它的连接特点是将每只

D 触发器接成 T' 触发器,再将低位触发器的 $\overline{Q}$ 端和高一位的 CP 端相连接。

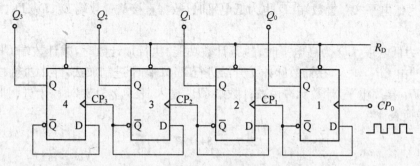

图 7.1　四位二进制异步加法计数器

若将图 7.1 稍加改动,即将低位触发器的 Q 端与高一位的 CP 端相连接,即构成了一个 4 位二进制减法计数器。

(2) 中规模十进制计数器

CC40192 是同步十进制可逆计数器,具有双时钟输入,并具有清除和置数等功能,其引脚排列及逻辑符号如图 7.2 所示。

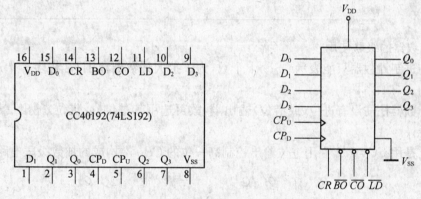

图 7.2　CC40192 引脚排列及逻辑符号

注:$L\overline{D}$——置数端;CP_U——加计数端;CP_D——减计数端;$\overline{CO}$——非同步进位输出端;$\overline{BO}$——非同步借位输出端;D_0、D_1、D_2、D_3——计数器输入端;Q_0、Q_1、Q_2、Q_3——数据输出端;CR——清除端。

CC40192(同 74LS192,二者可互换使用)的功能如表 7.1 所示。

表 7.1　CC40192 功能表

输　入								输　出			
CR	$\overline{LD}$	CP_U	CP_D	D_3	D_2	D_1	D_0	Q_3	Q_2	Q_1	Q_0
1	×	×	×	×	×	×	×	0	0	0	0
0	0	×	×	d	c	b	a	d	c	b	a
0	1	↑	1	×	×	×	×	加计数			
0	1	1	↑	×	×	×	×	减计数			

当清除端 CR 为高电平"1"时,计数器直接清零;CR 置低电平"0"时则执行其他功能。

当 CR 为低电平"0",置数端 $\overline{LD}$ 也为低电平时,数据直接从置数端 D_0、D_1、D_2、D_3 置入计数器。

当 CR 为低电平,$\overline{LD}$ 为高电平时,执行计数功能。执行加计数时,减计数端 CP_D 接高电平,计数脉冲由 CP_U 输入,在计数脉冲上升沿进行 8421 码十进制加法计数。执行减计数时,加计数端 CP_U 接高电平,计数脉冲由减计数端 CP_D 输入。表7.2为8421码十进制加、减计数器的状态转换表。

表 7.2 8421 码

加法计数 →

输入脉冲数		0	1	2	3	4	5	6	7	8	9
输出	Q_3	0	0	0	0	0	0	0	0	1	1
	Q_2	0	0	0	0	1	1	1	1	0	0
	Q_1	0	0	1	1	0	0	1	1	0	0
	Q_0	0	1	0	1	0	1	0	1	0	1

← 减法计数

(3) 计数器的级联使用

一个十进制计数器只能表示 0～9 十个数,为了扩大计数器范围,常将多个十进制计数器级联使用。

同步计数器往往设有进位(或借位)输出端,故可选用其进位(或借位)输出信号驱动下一级计数器。

图 7.3 是用 CC40192 利用进位输出控制高一位的 CP_U 端构成的加数级联电路。

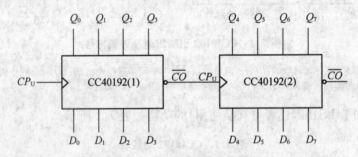

图 7.3 CC40192 级联电路

(4) 实现任意进制计数

① 用复位法获得任意进制计数器

假定已有 N 进制计数器,而需要得到一个 M 进制计数器时,只要 $M < N$,用复位法使计数器计数到 M 时置"0",即获得 M 进制计数器。如图 7.4 所示为一个由 CC40192 十进制计数器构成的六进制计数器。

② 利用预置功能获 M 进制计数器

图 7.5 为用三个 CC40192 组成的 421 进制计数器。

　　外加的由与非门构成的锁存器可以克服器件计数速度的离散性,保证在反馈置"0"信号作用下计数器可靠置"0"。

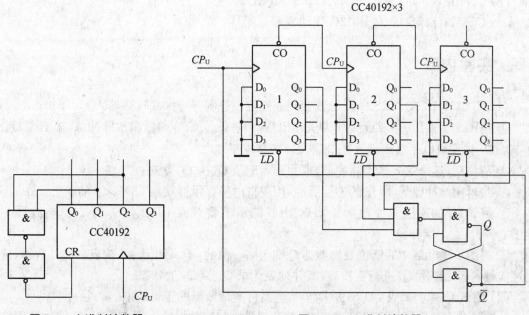

图 7.4　六进制计数器　　　　　　　　图 7.5　421 进制计数器

　　图 7.6 是一个特殊十二进制计数器电路方案。在数字钟里,对时位的计数序列是 1、2、…、11、12、1、…十二进制的,且无 0 这个数字。当计数到 13 时,通过与非门产生一个复位信号,使 CC40192(2)直接置成 0000,CC40192(1)的个位直接置成 0001,从而实现了 1~12 计数。

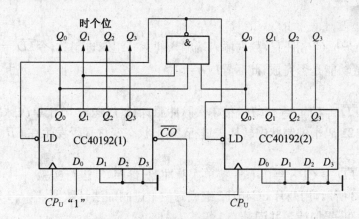

图 7.6　特殊十二进制计数器

三、实验设备与器件

　　(1) ＋5 V 直流电源　　　　　　　　(2) 双踪示波器
　　(3) 连续脉冲源　　　　　　　　　　(4) 单次脉冲源

（5）逻辑电平开关　　　　　　　　　　　　（6）逻辑电平显示器

（7）译码显示器

（8）CC4013×2(74LS74)、CC40192×3(74LS192)、

　　　CC4011(74LS00)、CC4012(74LS20)

四、实验内容

（1）用 CC4013 或 74LS74 D 触发器构成四位二进制异步加法计数器。

① 按图 7.1 接线 $\overline{R}_D$ 接至逻辑开关输出插口，将低位 CP_0 端接单次脉冲源，输出端 Q_3、Q_2、Q_3、Q_0 接逻辑电平显示输入插口，各 $\overline{S}_D$ 接高电平"1"。

② 清零后，逐个送入单次脉冲，观察并列表记录 $Q_3 \sim Q_0$ 状态。

③ 将单次脉冲改为 1 Hz 的连续脉冲，用逻辑电平显示器观察 $Q_3 \sim Q_0$ 的状态。

④ 将 1 Hz 的连续脉冲改为 1 kHz，用双踪示波器观察 CP、Q_3、Q_2、Q_1、Q_0 端波形并绘图。

⑤ 将图 7.1 电路中的低位触发器的 Q 端与高一位的 CP 端相连接，构成减法计数器，按上述实验内容 ②、③、④ 进行实验，观察并列表记录 $Q_3 \sim Q_0$ 的状态。

（2）测试 CC40192 或 74LS192 同步十进制可逆计数器的逻辑功能。

计数脉冲由单次脉冲源提供，清除端 CR、置数端 $\overline{LD}$、数据输入端 D_3、D_2、D_1、D_0 分别接逻辑开关，输出端 Q_3、Q_2、Q_1、Q_0 接实验设备的译码显示输入相应插口 A、B、C、D，$\overline{CO}$ 和 $\overline{BO}$ 接逻辑电平显示插口。按表 7.1 逐项测试并判断该集成块的功能是否正常。

① 清除

令 $CR = 1$，其他输入为任意态，这时 $Q_3 Q_2 Q_1 Q_0 = 0000$，译码数字显示为 0。清除功能完成后，置 $CR = 0$。

② 置数

令 $CR = 0$，CP_U、CP_D 任意，数据输入端输入任意一组二进制数，令 $\overline{LD} = 0$，观察计数译码显示输出，预置功能是否完成，此后置 $\overline{LD} = 1$。

③ 加计数

令 $CR = 0$，$\overline{LD} = CP_D = 1$，CP_U 接单次脉冲源。清零后送入 10 个单次脉冲，观察译码数字显示是否按 8421 码十进制状态转换表进行，输出状态变化是否发生在 CP_U 的上升沿。

④ 减计数

令 $CR = 0$，$\overline{LD} = CP_U = 1$，CP_D 接单次脉冲源。参照 ③ 进行实验。

（3）如图 7.3 所示，用两片 CC40192 组成两位十进制加法计数器，输入 1 Hz 连续计数脉冲，进行由 00 ～ 99 累加计数并记录。

（4）将两位十进制加法计数器改为两位十进制减法计数器，实现由 99 ～ 00 递减计数并记录。

（5）按图 7.4 电路进行实验并记录。

（6）按图 7.5 或图 7.6 进行实验并记录。

五、实验报告要求

（1）画出实验线路图，记录、整理实验现象及实验所得的有关波形。对实验结果进行分析。

（2）总结使用集成计数器的体会。

（3）考虑如何设计一个数字钟移位六十进制计数器？

实验 8　移位寄存器及其应用

一、实验目的

（1）掌握中规模四位双向移位寄存器的逻辑功能及使用方法。

（2）熟悉移位寄存器的应用——实现数据的串行、并行转换和构成环形计数器。

二、实验原理

（1）移位寄存器是一个具有移位功能的寄存器，是指寄存器中所存的代码能够在移位脉冲的作用下依次左移或右移。既能左移又能右移的称为双向移位寄存器，对它只需要改变左、右移的控制信号便可实现双向移位要求。根据移位寄存器存取信息方式的不同分为串入串出、串入并出、并入串出、并入并出四种形式。

本实验选用的 4 位双向通用移位寄存器，型号为 CC40194（或用 74LS194，两者功能相同，可互换使用），其逻辑符号及引脚排列如图 8.1 所示。

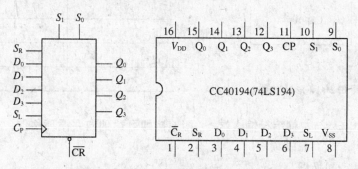

图 8.1　CC40194 的逻辑符号及引脚功能

其中 D_0、D_1、D_2、D_3 为并行输入端；Q_0、Q_1、Q_2、Q_3 为并行输出端；S_R 为右移串行输入端，S_L 为左移串行输入端；S_1、S_0 为操作模式控制端；$\overline{CR}$ 为直接无条件清零端；CP 为时钟脉冲输入端。

CC40194 有五种不同操作模式：并行送数寄存、右移（方向由 $Q_0 \rightarrow Q_3$）、左移（方向由 $Q_3 \rightarrow Q_0$）、保持及清零。

S_1、S_0 和 $\overline{CR}$ 端的控制作用如表 8.1 所示。

表 8.1　CC40194 功能表

功能	输　　　入							输　　　出						
	CP	$\overline{CR}$	S_1	S_0	S_R	S_L	D_0	D_1	D_2	D_3	Q_0	Q_1	Q_2	Q_3
清除	×	0	×	×	×	×	×	×	×	×	0	0	0	0
送数	↑	1	1	1	×	×	a	b	c	d	a	b	c	d
右移	↑	1	0	1	D_{S_R}	×	×	×	×	×	D_{S_R}	Q_0	Q_1	Q_2
左移	↑	1	1	0	×	D_{S_L}	×	×	×	×	Q_1	Q_2	Q_3	D_{S_L}
保持	↑	1	0	0	×	×	×	×	×	×	Q_0^n	Q_1^n	Q_2^n	Q_3^n
保持	↓	1	×	×	×	×	×	×	×	×	Q_0^n	Q_1^n	Q_2^n	Q_3^n

（2）移位寄存器应用很广,可构成移位寄存器型计数器、顺序脉冲发生器、串行累加器。可用作数据转换,即把串行数据转换为并行数据,或把并行数据转换为串行数据等。本实验研究移位寄存器用作环形计数器和数据的串、并行转换。

①　环形计数器

把移位寄存器的输出反馈到它的串行输入端,就可以进行循环移位,

如图 8.2 所示,把输出端 Q_3 和右移串行输入端 S_R 相连接,设初始状态 $Q_0Q_1Q_2Q_3 = 1000$,则在时钟脉冲作用下 $Q_0Q_1Q_2Q_3$ 将依次变为 0100→0010→0001→1000→…,如表 8.2 所示,可见它是一个具有 4 个有效状态的计数器。这种类型的计数器通常称为环形计数器。图 8.2 电路可以由各个输出端输出在时间上有先后顺序的脉冲,因此可作为顺序脉冲发生器。

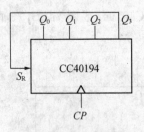

图 8.2　环形计数器

表 8.2　环形计数器

CP	Q_0	Q_1	Q_2	Q_3
0	1	0	0	0
1	0	1	0	0
2	0	0	1	0
3	0	0	0	1

如果将输出 Q_0 与左移串行输入端 S_L 相连接即可达到向左循环移位。

②　实现数据串、并行转换

a. 串行/并行转换器

串行/并行转换是指串行输入的数码经转换电路之后变换成并行输出。

图 8.3 是用两片 CC40194(74LS194)四位双向移位寄存器组成的 7 位串/并行数据转换电路。

电路中 S_0 端接高电平"1",S_1 受 Q_7 控制,两片寄存器连接成串行输入右移工作模式。Q_7 是转换结束标志。当 $Q_7=1$ 时,S_1 为 0,有 $S_1S_0=01$,为串入右移工作方式;当 $Q_7=0$ 时,

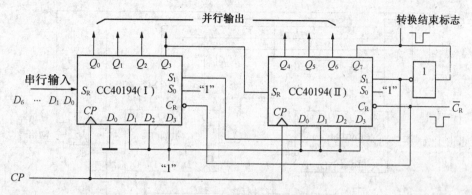

图 8.3　7 位串行/并行转换器

$S_1=1$,有 $S_1S_0=11$,串行送数结束,标志着串行输入的数据已转换成并行输出了。

串行/并行转换的具体过程如下:转换前,$\overline{CR}$ 端加低电平,使Ⅰ、Ⅱ两片寄存器的内容清零,此时 $S_1S_0=11$,寄存器执行并行输入工作方式。当第一个 CP 脉冲到来后,寄存器的输出状态 $Q_0\sim Q_7$ 为 01111111,与此同时 S_1S_0 变为 01,转换电路变为串入右移工作方式,串行输入数据由Ⅰ片的 S_R 端随着 CP 脉冲依次加入,输出状态的变化可列成如表 8.3 所示。

表 8.3　串行/并行转换器

CP	Q_0	Q_1	Q_2	Q_3	Q_4	Q_5	Q_6	Q_7	说明
0	0	0	0	0	0	0	0	0	清零
1	0	1	1	1	1	1	1	1	送数
2	D_0	0	1	1	1	1	1	1	右移操作七次
3	D_1	D_0	0	1	1	1	1	1	
4	D_2	D_1	D_0	0	1	1	1	1	
5	D_3	D_2	D_1	D_0	0	1	1	1	
6	D_4	D_3	D_2	D_1	D_0	0	1	1	
7	D_5	D_4	D_3	D_2	D_1	D_0	0	1	
8	D_6	D_5	D_4	D_3	D_2	D_1	D_0	0	
9	0	1	1	1	1	1	1	1	送数

由表 8.3 可见,七次右移操作之后,Q_7 变为 0,S_1S_0 变为 11,说明串行输入结束,这时,串行输入的数码已经转换成了并行输出了。

当下一个 CP 脉冲时,电路重新执行一次并行输入,为第二组串行数码转换做好准备。

b. 并行/串行转换器

并行/串行转换器是指并行输入的数码经转换电路之后,换成串行输出。

图 8.4 是用两片 CC40194(74LS194)组成的 7 位并行/串行转换电路,它比图 8.3 多了两只与非门 G_1 和 G_2,电路工作方式同样为右移。

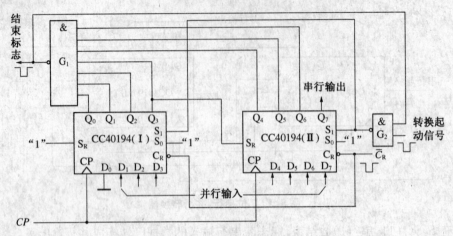

图 8.4　7 位并行/串行转换器

寄存器清"0"后,加一个转换启动信号(负脉冲或低电平)。此时,由于方式控制 S_1S_0 为 11,故转换电路执行并行输入操作。当第一个 CP 脉冲到来后,$Q_0Q_1Q_2Q_3Q_4Q_5Q_6Q_7$ 的状态为 $D_0D_1D_2D_3D_4D_5D_6D_7$,并行输入的数码存入寄存器。从而使得 G_1 输出为 1,G_2 输出为 0,结果,S_1S_2 变为 01。转换电路随着 CP 脉冲的加入,开始执行右移串行输出,随着 CP 脉冲的依次加入,输出状态依次右移,待右移操作七次后,$Q_0 \sim Q_6$ 的状态都为高电平 1,与非门 G_1 输出为低电平,G_2 门输出为高电平,S_1S_2 变为 11,表示并/串行转换结束,且为第二次并行输入创造了条件。转换过程如表 8.4 所示。

表 8.4　并行/串行转换器

CP	Q_0	Q_1	Q_2	Q_3	Q_4	Q_5	Q_6	Q_7	串行输出 Q_7
0	0	0	0	0	0	0	0	0	0
1	D_0	D_1	D_2	D_3	D_4	D_5	D_6	D_7	D_7
2	1	D_0	D_1	D_2	D_3	D_4	D_5	D_6	D_6
3	1	1	D_0	D_1	D_2	D_3	D_4	D_5	D_5
4	1	1	1	D_0	D_1	D_2	D_3	D_4	D_4
5	1	1	1	1	D_0	D_1	D_2	D_3	D_3
6	1	1	1	1	1	D_0	D_1	D_2	D_2
7	1	1	1	1	1	1	D_0	D_1	D_1
8	1	1	1	1	1	1	1	D_0	0
9	D_0	D_1	D_2	D_3	D_4	D_5	D_6	D_7	D_7

中规模集成移位寄存器的位数往往以 4 位居多,当需要的位数多于 4 位时,可把几片移位寄存器级联。

三、实验设备与器件

(1) +5 V 直流电源　　　　　　　　　　　(2) 单次脉冲源
(3) 逻辑电平开关　　　　　　　　　　　　(4) 逻辑电平显示器
(5) CC40194×2(74LS194)、CC4011(74LS00)、
　　CC4068(74LS30)、CC4011(74LS00)、
　　CC4012(74LS20)

四、实验内容

(1) 测试 CC40194(或 74LS194)的逻辑功能

按图 8.5 接线,$\overline{CR}$、S_1、S_0、S_L、S_R、D_0、D_1、D_2、D_3 分别接至逻辑开关的输出插口,Q_0、Q_1、Q_2、Q_3 接至逻辑电平显示输入插口,CP 端接单次脉冲源。按表 8.5 所规定的输入状态,逐项进行测试。

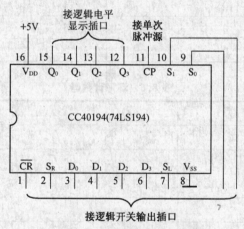

图 8.5　CC40194 逻辑功能测试

① 清除:令 $\overline{CR}=0$,其他输入均为任意态,这时寄存器输出 Q_0、Q_1、Q_2、Q_3 应均为 0。清除后,置 $\overline{CR}=1$。

② 送数:令 $\overline{C}_R=S_1=S_0=1$,送入任意 4 位二进制数,如 $D_0D_1D_2D_3$=abcd,加 CP 脉冲,观察 $CP=0$、CP 由 0→1、CP 由 1→0 三种情况下寄存器输出状态的变化,观察寄存器输出状态变化是否发生在 CP 脉冲的上升沿。

③ 右移:清零后,令 $\overline{C}_R=1$,$S_1=0$,$S_0=1$,由右移输入端 S_R 送入二进制数码如 0100,从 CP 端连续加 4 个脉冲,观察输出情况并记录。

④ 左移:先清零或预置,再令 $\overline{C}_R=1$,$S_1=1$,$S_0=0$,由左移输入端 S_L 送入二进制数码如 1111,连续加四个 CP 脉冲,观察输出端情况并记录。

⑤ 保持:寄存器预置任意 4 位二进制数码 abcd,令 $\overline{C}_R=1$,$S_1=S_0=0$,加 CP 脉冲,观察寄存器输出状态并记录。

(2) 环形计数器

　　自拟实验线路用并行送数法预置寄存器为某二进制数码（如 0100），然后进行右移循环，观察寄存器输出端状态的变化，记入表 8.6 中。

表 8.5　CC40194 测试

清除	模　式		时钟	串　行		输　入	输　出	功能总结
$\overline{CR}$	S_1	S_0	CP	S_L	S_R	$D_0\ D_1\ D_2\ D_3$	$Q_0\ Q_1\ Q_2\ Q_3$	
0	×		×	×		×	×	× × × ×
1	1		1	↑		×	×	a b c d
1	0		1	↑		×	0	× × × ×
1	0		1	↑		×	1	× × × ×
1	0		1	↑		×	0	× × × ×
1	1		0	↑		1	×	× × × ×
1	1		0	↑		1	×	× × × ×
1	1		0	↑		1	×	× × × ×
1	1		0	↑		1	×	× × × ×
1	0		0	↑		×	×	× × × ×

表 8.6　环形计数器

CP	Q_0	Q_1	Q_2	Q_3
0	0	1	0	0
1				
2				
3				
4				

　　（3）实现数据的串、并行转换

　　① 串行输入、并行输出

　　按图 8.3 接线，进行右移串入、并出实验，串入数码自定；改接线路用左移方式实现并行输出。自拟表格并记录。

　　② 并行输入、串行输出

　　按图 8.4 接线，进行右移并入、串出实验，并入数码自定。改接线路用左移方式实现串行输出。自拟表格并记录。

五、实验报告要求

　　（1）分析表 8.4 的实验结果，总结移位寄存器 CC40194 的逻辑功能并写入表格"功能总结"一栏中。

（2）根据实验内容（2）的结果，画出 4 位环形计数器的状态转换图及波形图。

（3）分析串/并、并/串转换器所得结果的正确性。

（4）使寄存器清零，除采用由 $\overline{CR}$ 输入低电平外，可否采用右移或左移的方法？可否使用并行送数法？若可行，如何进行操作？

（5）若要进行循环左移，图 8.4 接线应如何改接？

实验 9　脉冲分配器及其应用

一、实验目的

（1）熟悉集成时序脉冲分配器的使用方法及其应用。

（2）学习步进电动机的环形脉冲分配器的组成方法。

二、实验原理

（1）脉冲分配器

脉冲分配器的作用是产生多路顺序脉冲信号，它可以由计数器和译码器组成，也可以由环形计数器构成。图 9.1 中 CP 端上的系列脉冲经 N 位二进制计数器和相应的译码器可以转变为 2^N 路顺序输出脉冲。

（2）集成时序脉冲分配器 CC4017

CC4017 是由 BCD 计数/时序译码器组成的分配器。其逻辑符号及引脚功能如图 9.2 所示，功能如表 9.1 所示，输出波形如图 9.3 所示。

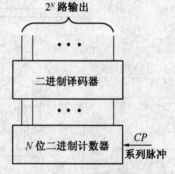

图 9.1　脉冲分配器的组成

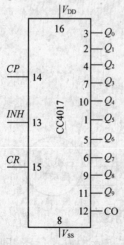

图 9.2　CC4017 的逻辑符号

表 9.1　CC4017 功能表

输　　入			输　　出	
CP	INH	CR	$Q_0 \sim Q_9$	CO
×	×	1	Q_0	计数脉冲为 $Q_0 \sim Q_4$ 时，$CO=1$
↑	0	0	计　数	
1	↓	0		
0	×	0		
×	1	0	保　持	计数脉冲为 $Q_5 \sim Q_9$ 时，$CO=0$
↓	×	0		
×	↑	0		

注：CO—进位脉冲输出端；CP—时钟输入端；CR—清除端；INH—禁止端；$Q_0 \sim Q_9$—计数脉冲输出端。

CC4017 应用十分广泛,可用于十进制计数、分频、1/N 计数($N=2\sim10$ 只需用一块,$N>10$ 可用多块器件级联)。如图 9.4 所示为由两片 CC4017 组成的六十分频电路。

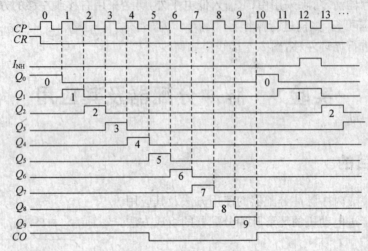

图 9.3　CC4017 的波形图

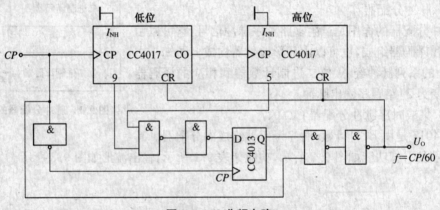

图 9.4　60 分频电路

(3) 步进电动机的环形脉冲分配器

如图 9.5 所示为某一三相步进电动机的驱动电路示意图。

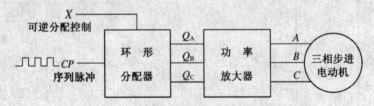

图 9.5　三相步进电动机的驱动电路示意图

A、B、C 分别表示步进电机的三相绕组。步进电机按三相六拍方式运行,即要求步进电机正转时,控制端 $X=1$,使电机三相绕组的通电顺序为 $A{\rightarrow}AB{\rightarrow}B{\rightarrow}BC{\rightarrow}C{\rightarrow}CA$;步进电机反转时,令控制端 $X=0$,三相绕组的通电顺序改为 $A{\rightarrow}AC{\rightarrow}C{\rightarrow}BC{\rightarrow}B{\rightarrow}AB$。

如图 9.6 所示为由三个 JK 触发器构成的六拍通电方式的脉冲环形分配器,以供参考。

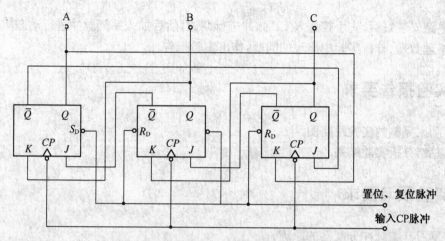

图 9.6　六拍通电方式的脉冲环行分配器逻辑图

要使步进电机反转,通常应加有正转脉冲输入和反转脉冲输入的控制端。

此外,由于步进电机三相绕组任何时刻都不得出现 A、B、C 三相同时通电或同时断电的情况,所以,脉冲分配器的三路输出不允许出现 111 和 000 两种状态,因此,可以给电路加初态预置环节。

三、实验设备与器件

(1) +5 V 直流电源　　　　　　　　(2) 双踪示波器
(3) 连续脉冲源　　　　　　　　　　(4) 单次脉冲源
(5) 逻辑电平开关　　　　　　　　　(6) 逻辑电平显示器
(7) CC4017×2、CC4013×2、CC4027×2、
　　CC4011×2、CC4085×2

四、实验内容

(1) CC4017 逻辑功能测试

① 参照图 9.2(a),EN、CR 接逻辑开关的输出插口,CP 接单次脉冲源,0~9 十个输出端接至逻辑电平显示输入插口,按功能表要求操作各逻辑开关。清零后,连续送出 10 个脉冲信号,观察 10 个发光二极管的显示状态并列表记录。

② CP 改接为 1 Hz 连续脉冲,观察记录输出状态。

(2) 按图 9.4 线路接线,自拟实验方案验证六十分频电路的正确性

(3) 设计一个三相六拍环形分配器线路

参照图 9.6 的线路,设计一个用环形分配器构成的驱动三相步进电动机可逆运行的三相六拍环形分配器线路。要求:

① 环形分配器用 CC4013 双 D 触发器、CC4085 与或非门组成。

② 由于电动机三相绕组在任何时刻都不应出现同时通电同时断电情况,在设计中要做

到这一点。

③ 电路安装好后，先手控送入 CP 脉冲进行调试，然后加入系列脉冲进行动态实验。

④ 整理数据、分析实验中出现的问题，作出实验报告。

五、实验报告要求

(1) 画出完整的实验线路图。

(2) 总结分析实验结果。

六、实验预习要求

(1) 复习有关脉冲分配器的原理。

(2) 按实验任务要求，设计实验线路，并拟定实验方案及步骤。

实验 10　　555 时基电路及其应用

一、实验目的

(1) 熟悉 555 型集成时基电路结构、工作原理及其特点。

(2) 掌握 555 型集成时基电路的基本应用。

二、实验原理

集成时基电路又称为集成定时器或 555 电路，是一种数字、模拟混合型的中规模集成电路，应用十分广泛。它是一种产生时间延迟和多种脉冲信号的电路，由于内部电压标准使用了三个 5 kΩ 电阻，故取名 555 电路。其电路类型有双极型和 CMOS 型两大类，几乎所有的双极型产品型号最后的三位数码都是 555 或 556；所有的 CMOS 产品型号最后四位数码都是 7555 或 7556，二者的结构与工作原理类似，逻辑功能和引脚排列完全相同，便于互换。555 和 7555 是单定时器，556 和 7556 是双定时器，双极型的电源电压 $V_{\infty}=+5\sim+15$ V，输出的最大电流可达 200 mA；CMOS 型的电源电压为 $+3\sim+18$ V。

(1) 555 电路的工作原理

555 电路的内部电路方框图如图 10.1 所示。它含有两个电压比较器，一个基本 RS 触发器，一个放电开关管 VT。比较器的参考电压由三只 5 kΩ 的电阻构成的分压器提供。它们分别使高电平比较器 A_1 的同相输入端和低电平比较器 A_2 的反相输入端的参考电平为 $\frac{2}{3}V_{\infty}$ 和 $\frac{1}{3}V_{\infty}$。A_1 与 A_2 的输出端控制 RS 触发器状态和放电管开关状态。当输入信号自 6 脚输入并超过参考电平 $\frac{2}{3}V_{\infty}$ 时，触发器复位，555 的输出端 3 脚输出低电平，同时放电开关管导通；当输入信号自 2 脚输入并低于 $\frac{1}{3}V_{CC}$ 时，触发器置位，555 的 3 脚输出高电平，同时放电开关管截止。

$\overline{R}_D$ 是复位端（4 脚），当 $\overline{R}_D=0$ 时，555 输出低电平；平时 $\overline{R}_D$ 端开路或接 V_{CC}。

V_C 是控制电压端（5 脚），平时输出 $\frac{2}{3}V_{CC}$ 作为比较器 A_1 的参考电平。当 5 脚外接一个输入电压时，即改变了比较器的参考电平，从而实现了对输出的另一种控制。在不接外加电压时，通常接一个 $0.01\ \mu F$ 的电容器到地，起滤波作用，以消除外来的干扰，确保参考电平的稳定。

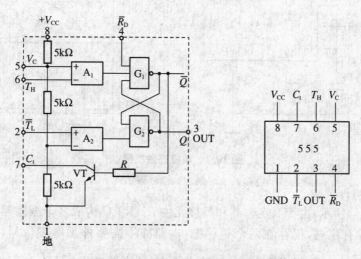

图 10.1　555 定时器内部框图及引脚排列

VT 为放电管，当 VT 导通时，将给接于 7 脚的电容器提供低阻放电通路。

555 定时器主要是与电阻、电容构成充放电电路，并由两个比较器来检测电容器上的电压，以确定输出电平的高低和放电开关管的通断。这就构成了从几微秒到数十分钟的延时电路，可方便地构成单稳态触发器、多谐振荡器、施密特触发器等脉冲产生或波形变换电路。

（2）555 定时器的典型应用

① 构成单稳态触发器

图 10.2(a) 为由 555 定时器和外接定时元件 R、C 构成的单稳态触发器。触发电路由 C_1、R_1、VD 构成，其中 VD 为钳位二极管，稳态时 555 电路输入端处于电源电平，内部放电开关管 VT 导通，输出端 F 输出低电平。当有一个外部负脉冲触发信号经 C_1 加到 2 端，并使 2 端电位瞬时低于 $\frac{1}{3}V_{CC}$ 时，低电平比较器动作，单稳态电路开始一个暂态过程，电容 C 开始充电，u_C 按指数规律增长；当 u_C 充电到 $\frac{2}{3}V_{CC}$ 时，高电平比较器动作，比较器 A_1 翻转，输出 u_O 从高电平返回低电平，放电开关管 VT 重新导通，电容 C 上的电荷很快经放电开关管放电，暂态结束，恢复稳态，为下个触发脉冲的来到做好准备。其波形图如图 10.2(b) 所示。

暂稳态的持续时间 t_W（即延时时间）取决于外接元件 R、C 值的大小。

$$t_W = 1.1RC$$

通过改变 R、C 的大小，可使延时时间在几个微秒到几十分钟之间变化。当这种单稳态电路作为计时器时,可直接驱动小型继电器,并可以使用复位端(4 脚)接地的方法来中止暂态,重新计时。此外还须用一个续流二极管与继电器线圈并接,以防继电器线圈反电势损坏内部功率管。

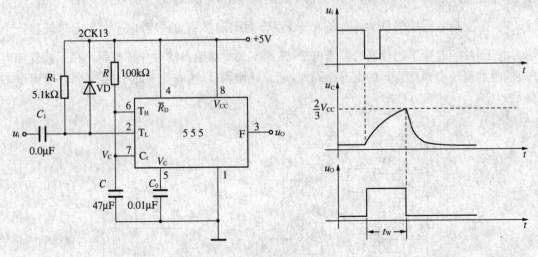

图 10.2　单稳态触发器

② 构成多谐振荡器

如图 10.3(a)所示,由 555 定时器和外接元件 R_1、R_2、C 构成多谐振荡器,2 脚与 6 脚直接相连。电路没有稳态,仅存在两个暂稳态;电路亦不需要外加触发信号,利用电源通过 R_1、R_2 向 C 充电以及 C 通过 R_2 向放电端 C_t 放电,使电路产生振荡。电容 C 在 $\frac{1}{3}V_{CC}$ 和 $\frac{2}{3}V_{CC}$ 之间充电和放电,其波形如图 10.3 (b)所示。输出信号的时间参数是:

$$T = t_{W1} + t_{W2}, \quad t_{W1} = 0.7(R_1 + R_2)C, \quad t_{W2} = 0.7R_2 C$$

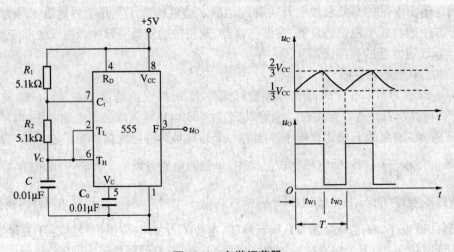

图 10.3　多谐振荡器

555 电路要求 R_1 与 R_2 均应大于或等于 1 kΩ ,但 $R_1 + R_2$ 应小于或等于 3.3 MΩ。

外部元件的稳定性决定了多谐振荡器的稳定性,555 定时器配以少量的元件即可获得较高精度的振荡频率,具有较强的功率输出能力,因此这种形式的多谐振荡器应用很广。

③ 组成占空比可调的多谐振荡器

电路如图 10.4 所示,它比图 10.3 的电路增加了一个电位器和两个导引二极管。VD_1、VD_2 用来决定电容充、放电电流流经电阻的途径(充电时 VD_1 导通,VD_2 截止;放电时 VD_2 导通,VD_1 截止)。占空比为:

$$P = \frac{t_{W1}}{t_{W1} + t_{W2}} \approx \frac{0.7 R_A C}{0.7 C (R_A + R_B)} = \frac{R_A}{R_A + R_B}$$

可见,若取 $R_A = R_B$,电路即可输出占空比为 50% 的方波信号。

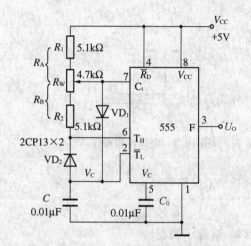

图 10.4　占空比可调的多谐振荡器

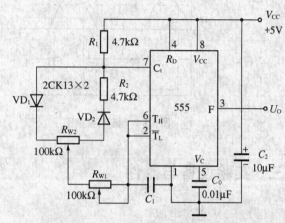

图 10.5　占空比与频率均可调的多谐振荡器

④ 组成占空比连续可调并能调节振荡频率的多谐振荡器

电路如图 10.5 所示。对 C_1 充电时,充电电流通过 R_1、D_1、R_{W2} 和 R_{W1};放电时,放电电流通过 R_{W1}、R_{W2}、D_2、R_2。当 $R_1 = R_2$,R_{W2} 调至中心点时,因充放电时间基本相等,其占空比约为 50%,此时调节 R_{W1} 仅改变频率,占空比不变;如 R_{W2} 调至偏离中心点时,再调节 R_{W1},不仅振荡频率改变,而且对占空比也有影响;R_{W1} 不变,调节 R_{W2},仅改变占空比,对频率无影响。因此,接通电源后,应首先调节 R_{W1} 使频率至规定值,再调节 R_{W2} 以获得需要的占空比;若频率调节的范围比较大,还可以用波段开关改变 C_1 的值。

⑤ 组成施密特触发器

电路如图 10.6 所示,只要将 2、6 脚连在一起作为信号输入端,即得到施密特触发器。图 10.7 给出了 u_S、u_I 和 u_O 的波形图。

设被整形变换的电压为正弦波 u_S,其正半波通过二极管 VD 同时加到 555 定时器的 2 脚和 6 脚,得 u_I 为半波整流波形。当 u_I 上升到 $\frac{2}{3} V_{CC}$ 时,u_O 从高电平翻转为低电平;当 u_I 下降到 $\frac{1}{3} V_{CC}$ 时,u_O 又从低电平翻转为高电平。电路

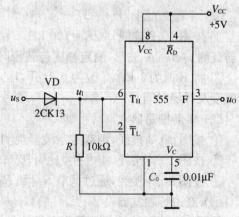

图 10.6　施密特触发器

的电压传输特性曲线如图 10.8 所示。

回差电压 $\qquad\qquad\qquad \Delta V = \dfrac{2}{3}V_{CC} - \dfrac{1}{3}V_{CC} = \dfrac{1}{3}V_{CC}$

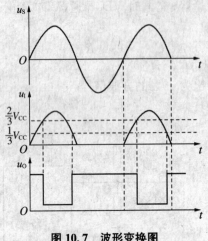

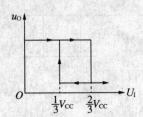

图 10.7　波形变换图　　　　　　**图 10.8　电压传输特性**

三、实验设备与器件

(1) ＋5V 直流电源　　　　　　　　(2) 双踪示波器

(3) 连续脉冲源　　　　　　　　　　(4) 单次脉冲源

(5) 音频信号源　　　　　　　　　　(6) 数字频率计

(7) 逻辑电平显示器

(8) 555×2,2CK13×2,电位器、电阻、
电容若干

四、实验内容

(1) 单稳态触发器

① 按图 10.2 连线,取 $R = 100\ \text{k}\Omega$,$C = 47\ \mu\text{F}$,输入信号 u_I 由单次脉冲源提供,用双踪示波器观测 u_I、u_C、u_O 波形,测定幅度与暂稳时间。

② 将 R 改为 $1\ \text{k}\Omega$,C 改为 $0.1\ \mu\text{F}$,输入端加 $1\ \text{kHz}$ 的连续脉冲,观测 u_I、u_C、u_O 波形,测定幅度及暂稳时间。

(2) 多谐振荡器

① 按图 10.3 接线,用双踪示波器观测 u_C 与 u_O 的波形,测定频率。

② 按图 10.4 接线,组成占空比为 50％ 的方波信号发生器。观测 u_C、u_O 波形,测定波形参数。

③ 按图 10.5 接线,通过调节 R_{W1} 和 R_{W2} 来观测输出波形。

(3) 施密特触发器

按图 10.6 接线,输入信号由音频信号源提供,预先调好 u_S 的频率为 $1\ \text{kHz}$。接通电源,逐渐加大 u_S 的幅度,观测输出波形,测绘电压传输特性,算出回差电压 ΔU。

（4）模拟声响电路

按图 10.9 接线，组成两个多谐振荡器，调节定时元件，使 I 输出较低频率，II 输出较高频率。连好线，接通电源，试听音响效果；调换外接阻容元件，再试听音响效果。

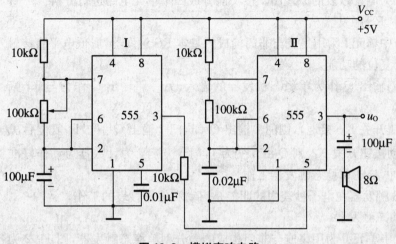

图 10.9　模拟声响电路

五、实验报告要求

（1）绘出详细的实验线路图，定量绘出观测到的波形。

（2）分析、总结实验结果。

六、实验预习要求

（1）复习有关 555 定时器的工作原理及其应用。

（2）拟定实验中所需的数据、表格等。

（3）如何用示波器测定施密特触发器的电压传输特性曲线？

（4）拟定各实验的步骤和方法。

实验 11　电子秒表设计

一、实验目的

（1）学习数字电路中基本 RS 触发器、单稳态触发器、时钟发生器及计数、译码显示等单元电路的综合应用。

（2）学习电子秒表的调试方法。

二、实验原理

图 11.1 为电子秒表的原理图。按功能分成四个单元电路进行分析。

(1) 基本 RS 触发器

图 11.1 中单元 I 为用集成与非门构成的基本 RS 触发器,属低电平直接触发的触发器,有直接置位、复位的功能。

它的一路输出 $\overline{Q}$ 作为单稳态触发器的输入,另一路输出 Q 作为与非门 5 的输入控制信号。

按动按钮开关 K_2(接地),则门 1 输出 $\overline{Q}=1$,门 2 输出 $Q=0$。K_2 复位后,Q、$\overline{Q}$ 状态保持不变。再按动按钮开关 K_1,则 Q 由 0 变为 1,门 5 开启,为计数器启动作好准备;$\overline{Q}$ 由 1 变 0,送出负脉冲,启动单稳态触发器工作。

基本 RS 触发器在电子秒表中的职能是启动和停止秒表的工作。

(2) 单稳态触发器

图 11.1 中单元 II 为用集成与非门构成的微分型单稳态触发器,图 11.2 为各点波形图。

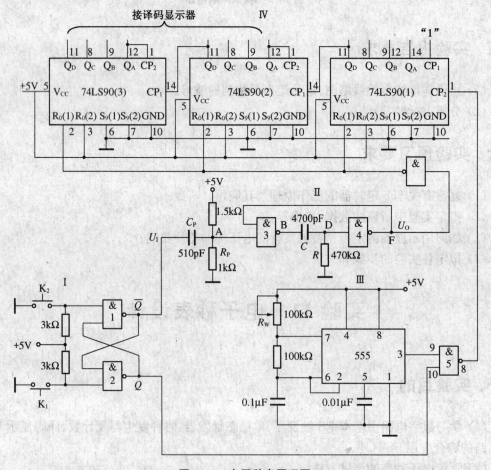

图 11.1　电子秒表原理图

单稳态触发器的输入触发负脉冲信号 U_1 由基本 RS 触发器 $\overline{Q}$ 端提供,输出负脉冲 U_O 通过非门加到计数器的清除端 R。

静态时,门 4 应处于截止状态,故电阻 R 必须小于门的关门电阻 R_{off}。定时元件 RC 取值不同,输出脉冲宽度也不同,当触发脉冲宽度小于输出脉冲宽度时,可以省去输入微分电路中的 R_P 和 C_P。

单稳态触发器在电子秒表中的职能是为计数器提供清零信号。

（3）时钟发生器

图 11.1 中单元Ⅲ为用 555 定时器构成的多谐振荡器,是一种性能较好的时钟源。

调节电位器 R_W,使在输出端 3 获得频率为 50 Hz 的矩形波信号。当基本 RS 触发器 $Q=1$ 时,门 5 开启,此时 50 Hz 脉冲信号通过门 5 作为计数脉冲加至计数器(1)的计数输入端 CP_2。

（4）计数及译码显示

二—五—十进制加法计数器 74LS90 构成电子秒表的计数单元,如图 11.1 中单元Ⅳ所示。其中计数器(1)接成五进制形式,对频率为 50 Hz 的时钟脉冲进行五分频,在输出端 Q_D 取得周期为 0.1 s 的矩形脉冲,作为计数器(2)的时钟输入。计数器(2)及计数器(3)接成 8421 码十进制形式,其输出端与实验装置上译码显示单元的相应输入端连接,可显示 0.1～0.9 s,并实现 1～9.9 s 计时。

74LS90 是异步二—五—十进制加法计数器,它既可以作二进制加法计数器,又可以作五进制和十进制加法计数器。

图 11.3 为 74LS90 引脚排列,表 11.1 为功能表。

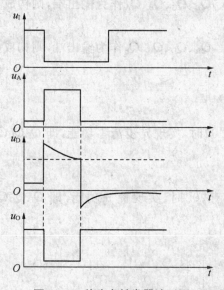

图 11.2　单稳态触发器波形图

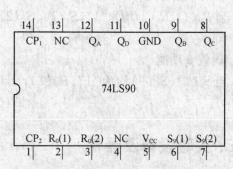

图 11.3　74LS90 引脚排列

表 11.1　74LS90 功能表

输　入				输　出	功　能
清　0	置　9	时　钟		$Q_D\ Q_C\ Q_B\ Q_A$	
$R_0(1)$、$R_0(2)$	$S_9(1)$、$S_9(2)$	CP_1	CP_2		
1　　1	0　　× ×　　×	×	×	0　0　0　0	清　　0
0　　× ×　　0	1　　1	×	×	1　0　0　1	置　　9
0　　× ×　　0	0　　× ×　　0	↓	1	Q_A 输　出	二进制计数
		1	↓	$Q_D Q_C Q_B$ 输出	五进制计数
		↓	Q_A	$Q_D Q_C Q_B Q_A$ 输出 8421BCD 码	十进制计数
		Q_D	↓	$Q_A Q_D Q_C Q_B$ 输出 5421BCD 码	十进制计数
		1	1	不　　变	保　　持

　　通过不同的连接方式,74LS90 可以实现四种不同的逻辑功能。借助于 $R_0(1)$、$R_0(2)$ 可实现对计数器清零,借助 $S_9(1)$、$S_9(2)$ 可实现计数器置 9。其具体功能详述如下:

　　① 计数脉冲从 CP_1 输入,Q_A 作为输出端,为二进制计数器。

　　② 计数脉冲从 CP_2 输入,Q_D、Q_C、Q_B 作为输出端,为异步五进制加法计数器。

　　③ 若将 CP_2 和 Q_A 相连,计数脉冲由 CP_1 输入,Q_D、Q_C、Q_B、Q_A 作为输出端,则构成异步 8421 码十进制加法计数器。

　　④ 若将 CP_1 与 Q_D 相连,计数脉冲由 CP_2 输入,Q_A、Q_D、Q_C、Q_B 作为输出端,则构成异步 5421 码十进制加法计数器。

　　⑤ 清零、置 9 功能

　　a. 异步清零

　　当 $R_0(1)$、$R_0(2)$ 均为"1",$S_9(1)$、$S_9(2)$ 中有"0"时,实现异步清零功能,即 $Q_D Q_C Q_B Q_A$ =0000。

　　b. 置 9 功能

　　当 $S_9(1)$、$S_9(2)$ 均为"1";$R_0(1)$、$R_0(2)$ 中有"0"时,实现置 9 功能,即 $Q_D Q_C Q_B Q_A$ =1001。

三、实验设备及器件

　　(1) +5 V 直流电源　　　　　　　　　(2) 双踪示波器

　　(3) 直流数字电压表　　　　　　　　　(4) 数字频率计

　　(5) 单次脉冲源　　　　　　　　　　　(6) 连续脉冲源

　　(7) 逻辑电平开关　　　　　　　　　　(8) 逻辑电平显示器

　　(9) 译码显示器　　　　　　　　　　　(10) 74LS00×2、555×1、74LS90×3

(11) 电位器、电阻、电容若干

四、实验内容

由于实验电路中使用器件较多,因此实验前必须合理安排各器件在实验装置上的位置,使电路逻辑清楚,接线较短。

实验时,应按照实验任务的次序,将各单元电路逐个进行接线和调试,即分别测试基本 RS 触发器、单稳态触发器、时钟发生器及计数器的逻辑功能,待各单元电路工作正常后,再将有关电路逐级连接起来进行测试……直到测试完电子秒表整个电路的功能。

这样的测试方法有利于检查和排除故障,保证实验顺利进行。

(1) 基本 RS 触发器的测试

测试方法参考实验 9

(2) 单稳态触发器的测试

① 静态测试

用直流数字电压表测量 A、B、D、F 各点电位值并记录。

② 动态测试

输入端接 1 kHz 连续脉冲源,用示波器观察并描绘 D 点(U_D、)F 点(U_O)波形,若单稳输出脉冲持续时间太短,难以观察,可适当加大微分电容 C(如改为 0.1 μF)待测试完毕,再恢复 4 700 pF。

(3) 时钟发生器的测试

测试方法参考实验 10,用示波器观察输出电压波形并测量其频率,调节 R_W,使输出的矩形波频率为 50 Hz。

(4) 计数器的测试

① 计数器(1)接成五进制形式,$R_0(1)$、$R_0(2)$、$S_9(1)$、$S_9(2)$接逻辑开关输出插口,CP_2接单次脉冲源,CP_1接高电平"1",$Q_D \sim Q_A$接实验设备上译码显示输入端 D、C、B、A,按表 17 - 1 测试其逻辑功能并记录。

② 计数器(2)及计数器(3)接成 8421 码十进制形式,同内容(1)进行逻辑功能测试并记录。

③ 将计数器(1)、(2)、(3)级联,进行逻辑功能测试并记录。

(5) 电子秒表的整体测试

各单元电路测试正常后,按图 11.1 把几个单元电路连接起来,进行电子秒表的总体测试。

先按一下按钮开关 K_2,此时电子秒表不工作;再按一下按钮开关 K_1,则计数器清零后开始计时,观察数码管显示计数情况是否正常。如不需要计时或暂停计时,按一下开关 K_2,计时立即停止,但数码管保留已计时的时间。

(6) 电子秒表准确度的测试

利用电子钟或手表的秒计时功能对电子秒表进行校准。

五、实验报告要求

(1) 总结电子秒表整个调试过程。

(2) 分析调试中发现的问题及故障排除方法。

六、实验预习要求

(1) 复习数字电路中 RS 触发器,单稳态触发器、时钟发生器及计数器等部分内容。

(2) 除了本实验中所采用的时钟源外,选择另外两种不同类型的时钟源供本实验用。

(3) 画出电路图,并选取元器件。

(4) 列出电子秒表单元电路的测试表格。

(5) 列出调试电子秒表的步骤。

实验 12　四路彩灯电路设计

一、实验任务

(1) 设计并组装产生循环灯所需的下列状态序列的电路:

$$1001 \rightarrow 0011 \rightarrow 0110 \rightarrow 1011$$
$$\uparrow \qquad\qquad\qquad\qquad \downarrow$$
$$0010 \leftarrow 0101 \leftarrow 1010 \leftarrow 1101$$

(2) 熟悉双向移位寄存器的工作原理、集成电路的使用方法和使能端的作用。

(3) 学习设计和组装特殊状态序列的移位寄存器(计数器)。

二、实验电路

设计实验任务所要求实现的电路。其方框图见图 12.1,选定器件型号,画出电路原理图。

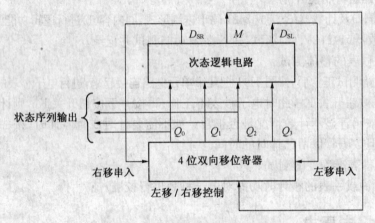

图 12.1　循环彩灯电路方框图

用寄存器的每一位控制一组灯,各组灯布置成各式各样的图案。由于寄存器具有不同的状态,点亮的灯光就形成多种多样美丽的画面。寄存器的状态不断地循环变化,又给这些图案添加了动感,就会形成动人的灯光循环。

　　这其中,数字电路的任务就是提供循环灯所需的状态序列。方法之一就是用双向移位寄存器与一个次态逻辑电路来产生,如图 12.1 所示。这个次态逻辑电路以寄存器的并行输出 Q_3、Q_2、Q_1、Q_0 为自变量,函数是 M、D_{SL} 和 D_{SR}。其中,M 控制寄存器的移位方向,$M=1$ 寄存器左移,$M=0$ 右移;D_{SL} 是左移串行输入。D_{SR} 是右移串行输入。由现态(第 n 拍)和次态(第 $n+1$ 拍)的 $Q_3Q_2Q_1Q_0$,可确定寄存器应向左移还是向右移,串行输入应该是 1 还是 0,从而列出真值表,画出次态逻辑电路,实现预期的状态序列。例如,$Q_0Q_1Q_2Q_3$ 的现态为 1000,要求次态为 0100,则寄存器中的数码应右移,$M=0$,右移串行输入 $D_{SR}=0$,左移串行输入 D_{SL} 无关。也就是说,当 $Q_0=1$、$Q_1=0$、$Q_2=0$、$Q_3=0$ 时,$M=0$,$D_{SR}=0$,$D_{SL}=\times$。同理分析 $Q_0Q_1Q_2Q_3$ 的 16 个组合,就可列出真值表。

三、实验设备及器件

　　(1) $+5$ V 直流电源　　　　　　　　　　　　(2) 逻辑电平开关
　　(3) 逻辑电平开关
　　(4) 四位双向移位寄存器 74LS194、
　　　　 六反相器 74LS04、与门 CC4081、与非门 CC4011×3

四、实验内容

　　设计产生循环灯所需状态序列的电路;测试其功能,研究各使能端的作用;分析并排除可能出现的故障。

五、实验报告要求

　　(1) 画出实验电路,分析其工作原理。
　　(2) 说明各使能端的作用。
　　(3) 写出测试结果。
　　(4) 分析实验中出现的故障及解决办法。

实验 13　拔河游戏机设计

一、实验任务

　　给定实验设备和主要元器件,按照电路的各部分组合成一个完整的拔河游戏机。
　　(1) 拔河游戏机需将 15 个(或 9 个)发光二极管排列成一行,开机后只有中间一个点亮,以此作为拔河的中心线,游戏双方各持一个按键,迅速、不断地按动产生脉冲,谁按得快,亮点向谁方向移动,每按一次,亮点移动一次,任一方终端二极管点亮,这一方就得胜,此时双方按键均无作用,输出保持,只有经复位后才使亮点恢复到中心线。

（2）显示器显示胜者的盘数。

二、实验电路

（1）实验电路框图如图 13.1 所示。

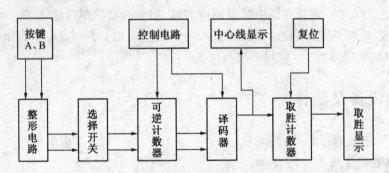

图 13.1　拔河游戏机线路框图

（2）整机电路图见图 13.2。

三、实验设备及器件

（1）＋5 V 直流电源　　　　　　　　（2）译码显示器

（3）逻辑电平开关

（4）4 线—16 线译码/分配器 CC4514、
同步递增/递减 二进制计数器
CC40193、十进制计数器 CC4518、
与门 CC4081、与非门 CC4011×3、
异或门 CC4030、电阻 1 kΩ×4

四、实验内容

可逆计数器 CC40193 原始状态下输出 4 位二进制数 0000,经译码器输出使中间的一只发光二极管点亮。当按动 A、B 两个按键时,产生两个脉冲信号,经整形后分别加到可逆计数器上,可逆计数器输出的代码经译码器译码后驱动发光二极管点亮并产生位移,当亮点移到任何一方终端后,由于控制电路的作用,使这一状态被锁定,输入脉冲不起作用。按动复位键,亮点回到中点位置,比赛又可重新开始。

将双方终端二极管的正端经与非门后接至两个十进制计数器 CC4518 的允许控制端 EN。当任一方取胜,该方终端二极管点亮,产生一个下降沿脉冲使其对应的计数器计数,这样,计数器的输出就显示为胜者取胜的盘数。

（1）编码电路

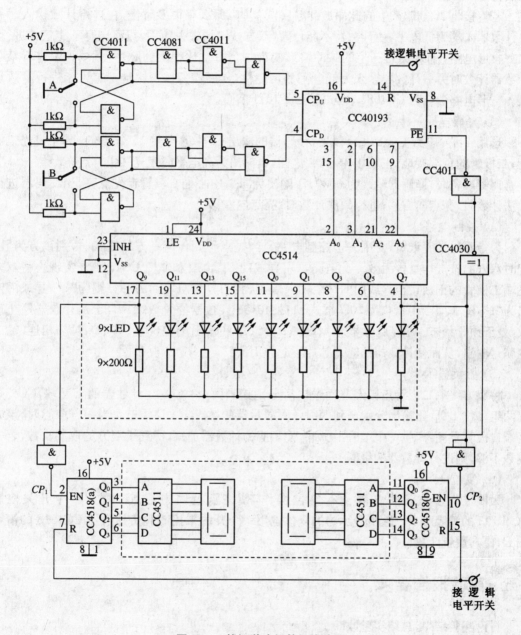

图 13.2　拔河游戏机整机线路图

　　编码器有两个输入端、四个输出端,要进行加 / 减计数,因此选用 CC40193 双时钟二进制同步加 / 减计数器来完成。

　　(2) 整形电路

　　CC40193 是可逆计数器,控制加减的 CP 脉冲分别加至 5 脚和 4 脚。当电路要求进行加法计数时,减法输入端 CP_D 必须接高电平;进行减法计数时,加法输入端 CP_U 必须接高电平。若直接将 A、B 键产生的脉冲加到 5 脚或 4 脚,那么有很多时候,在进行计数输入时另一计数输入端为低电平,使计数器不能计数,双方按键均失去作用,拔河比赛不能正常进行。加一整形电路,使 A、B 键产生的脉冲整形变为一个占空比很大的脉冲,就减少了进行某一计数器计数时另一计数器输入为低电平的可能性,从而使每按一次键都有可能进行有效计数。整形电路由与门 CC4081 和与非门 CC4011 实现。

　　(3) 译码电路

　　选用 4 线-16 线 CC4514 译码器,译码器的输出 $Q_0 \sim Q_{14}$ 分接 15 个(或 9 个)个发光二极管;二极管的负端接地,正端接译码器,这样,当输出为高电平时发光二极管点亮。

　　比赛准备时,译码器输入为 0000,Q_0 输出为"1",中心处二极管首先点亮,当编码器进行加法计数时,亮点向右移;进行减法计数时,亮点向左移。

　　(4) 控制电路

　　为指示出谁胜谁负,需用一个控制电路。当亮点移到任何一方的终端时,判该方为胜,此时双方的按键均宣告无效。此电路可用异或门 CC4030 和非门 CC4011 来实现。将双方终端二极管的正极接至异或门的两个输入端,获胜一方为"1",而另一方则为"0",异或门输出为"1",经非门产生低电平"0",再送到 CC40193 计数器的置数端 $\overline{PE}$,于是计数器停止计数,处于预置状态。由于计数器数据端 $A、B、C、D$ 和输出端 $Q_A、Q_B、Q_C、Q_D$ 对应相连,输入也就是输出,从而使计数器的输入脉冲不起作用。

　　(5) 胜负显示

　　将双方终端二极管正极经非门输出后分别接到两个 CC4518 计数器的 EN 端,CC4518 的两组 4 位 BCD 码输出分别送到两组译码显示器的 $A、B、C、D$ 插口。当一方取胜时,该方终端二极管发亮,产生一个上升沿脉冲,使相应的计数器加一,得到了双方的取胜次数,若一位数不够,则进行计数器的级联。

　　(6) 复位

　　为能进行多次比赛需要进行复位操作,使亮点返回中心点。可用一个开关控制 CC40193 的清零端 R。胜负显示器的复位也用一个开关来控制胜负计数器 CC4518 的清零端 R,使其重新计数。

五、实验报告要求

　　讨论实验结果,总结实验收获。

　　(1) 同步递增/递减二进制计数器 CC40193 的引脚排列及功能

　　参照实验九 CC40192。

　　(2) 4 线—16 线译码器 CC4514 的引脚排列及功能(见图 13.3、表 13.1)

　　$A_0 \sim A_3$ ——数据输入端;

INH——输出禁止控制端；

LE——数据锁存控制端；

Y_0~Y_{15}——数据输出端。

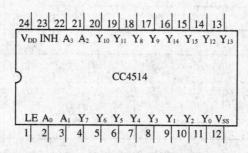

图 13.3　CC4514 译码器引脚排列

表 13.1　CC4514 译码器功能表

	输		入			高电平		输		入			高电平
LE	INH	A_3	A_2	A_1	A_0	输出端	LE	INH	A_3	A_2	A_1	A_0	输出端
1	0	0	0	0	0	Y_0	1	0	1	0	0	1	Y_9
1	0	0	0	0	1	Y_1	1	0	1	0	1	0	Y_{10}
1	0	0	0	1	0	Y_2	1	0	1	0	1	1	Y_{11}
1	0	0	0	1	1	Y_3	1	0	1	1	0	0	Y_{12}
1	0	0	1	0	0	Y_4	1	0	1	1	0	1	Y_{13}
1	0	0	1	0	1	Y_5	1	0	1	1	1	0	Y_{14}
1	0	0	1	1	0	Y_6	1	0	1	1	1	1	Y_{15}
1	0	0	1	1	1	Y_7	1	1	×	×	×	×	无
1	0	1	0	0	0	Y_8	0	0	×	×	×	×	①

① 输出状态锁定在上一个 LE="1"时，A_0~A_3的输入状态。

(3) 双十进制同步计数器 CC4518 的引脚排列及功能(见图 13.4,表 13.2)

$1CP$、$2CP$——时钟输入端；

$1R$、$2R$——清除端；

$1EN$、$2EN$——计数允许控制端；

$1Q_0$~$1Q_3$——计数器输出端；

$2Q_0$~$2Q_3$——计数器输出端。

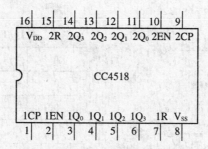

图 13.4　CC4518 计数器引脚排列

表 13.2　CC4518 计数器功能表

输　入			输出功能
CP	R	EN	
↑	0	1	加 计 数
0	0	↓	加 计 数
↓	0	×	保　持
×	0	↑	
↑	0	0	
1	0	↓	
×	1	×	全部为"0"

实验 14　数字电路仿真示例
——半加器设计

一、实验目的

（1）通过 Multisim 软件进行半加器电路的设计，进一步熟悉软件的使用方法，特别是仿真方法。

（2）认识、熟悉半加器的功能和特点、逻辑转换仪的使用方法，掌握逻辑电路的逻辑测试电路、逻辑转换仪等多种测试方法。

二、仿真电路原理图

半加器的逻辑图如图 14.1 所示，它由一个异或门和一个与门构成。A、B 是输入端，SO 是和输出端，CO 是向高位的进位输出端。

本实验要求在电路工作区构成电路，设计逻辑测试电路进行逻辑功能测试，验证半加器的逻辑特点。

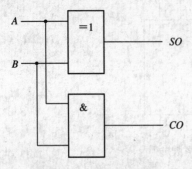

图 14.1　半加器逻辑图

表 14.1　半加器逻辑真值表

A	B	SO	CO
0	0		
0	1		
1	0		
1	1		

逻辑功能测试即通过实验写出真值表如表 14.1 所示。输入变量 A、B 共有四种状态组合。我们通过在输入端加 $+5$ V 直流电压源和接地信号用于表示输入高、低电平,用单刀双掷开关进行选择;在输出端接彩色指示灯,通过指示灯的亮和灭表示输出高、低电平。

三、虚拟实验设备与器件

(1) $+V_{CC}$ 直流电压源　　　　　　　(2) 单刀双掷开关×2

(3) 接地符　　　　　　　　　　　　(4) 逻辑异或门

(5) 逻辑与门　　　　　　　　　　　(6) 彩色指示灯×2

(7) 逻辑转换仪

四、实验步骤

(1) 启动 Multisim

(2) 放置元器件、电源,搭建仿真电路

① 从 Multisim 元器件库中逐一选择元器件,将其放置在设置好页面参数的工作界面中,并进行电气连接,如图 14.2 所示。

② 电路中两开关分别由键盘按键 A、B 控制,设置方法为:鼠标指向开关元件,双击鼠标进入 Switch Properties(开关属性)对话框,在 Value 标题栏的 Key 项直接输入英文字母 A、B(大小写任意);

③ 两彩色指示灯的标识分别设置为 SO、CO。

④ 连接电路完成,选择 File(文件)菜单下的 Save As(另存为)命令对电路文件进行保存。

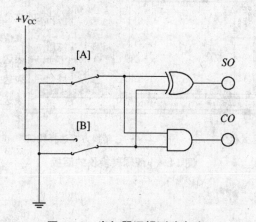

图 14.2　半加器逻辑测试电路

(3) 测试半加器的逻辑功能

① 按下"启动/停止"按钮,启动电路进行测试,将测试结果填入表 14.2 中。

表 14.2　半加器测试

A	B	SO	CO

② 根据上面的真值表写出 SO 和 CO 的逻辑函数表达式和最简与或式。

SO=＿＿＿＿＿＿＿＿＿＿＿＿ ＝ ＿＿＿＿＿＿＿＿＿＿＿＿（最简与或式）;

CO=＿＿＿＿＿＿＿＿＿＿＿＿ ＝ ＿＿＿＿＿＿＿＿＿＿＿＿（最简与或式）。

③ 从仪器库栏中取出逻辑转换仪,连接电路如图 14.3 所示。使用逻辑转换仪测试电路的逻辑功能,并与上面的结果进行比较。逻辑转换仪的界面如图 14.4 所示。

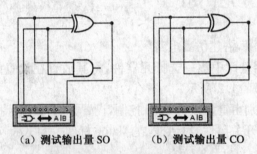

（a）测试输出量 SO　　　　　（b）测试输出量 CO

图 14.3　逻辑转化仪测试电路

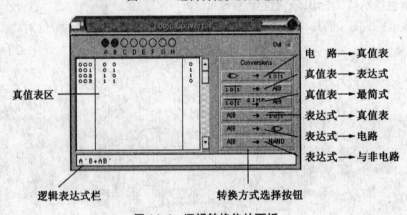

图 14.4　逻辑转换仪的面板

在如图 14.4 所示的逻辑转换仪面板中,通过单击转换方式的八个选择按钮就可以完成图中所示的八种转换方式。电路指电路工作区中的逻辑电路,输入变量按从高到低连接在转换仪从左到右的输入端,输出变量每次只能测试一个;最简式指最简与或式;与非电路指由纯与非门构成的逻辑电路。

五、思考题

(1) 试说明用逻辑测试电路和逻辑转换仪测试半加器的逻辑功能,两种测试方法有何联系和区别?

(2) 若需同时监测多个逻辑变量,该用哪一种分析仪器?

附　　录

1　示波器

1.1　用途及分类

示波器是一种能将抽象的电信号转变成形象、具体、直观的波形图像的常用电子仪器。借助于示波器不仅可以直接观察被测信号波形，而且可以定量的测得被测信号的一系列参数，如信号的电压、电流、周期、频率、相位等；在测量脉冲信号时，还可以测量脉冲的幅度、上升沿或下降沿时间以及重复周期等。

示波器按用途与特点的不同可分为 5 种类型：通用示波器、多束示波器、取样示波器、记忆与存储示波器、特殊示波器。

1.2　基本结构及其工作原理

示波器一般由五部分构成：示波管（显示器）、垂直偏转系统、水平偏转系统、扫描发生器、供电电源。示波管是示波器的核心部件，由电子枪、偏转板和荧光屏三部分组成，被密封在一抽成真空的玻璃壳体内，形成真空器件，作为示波器的显示器。电子枪的作用是产生聚焦良好、具有一定速度的电子流，即电子束，让汇聚点正好落在荧光屏上。偏转板分为垂直偏转板和水平偏转板各两对，均水平对称。当偏转系统送入的电压信号加在偏转板上时，板间就形成电场，电子束在电场力的作用下偏转。荧光屏的作用是在高速电子轰击下在荧光涂层上显示被测波形。垂直偏转系统的作用是把被测电压信号的输出，经放大器放大后送至示波管的垂直偏转板。水平偏转系统的作用之一是产生与触发信号有固定时间关系的锯齿电压，并以足够的幅值、对称的加在示波管的水平偏转板上；作用之二是产生一个调辉信号，最终使水平偏转板控制电子束沿水平方向左右移动。扫描发生器的作用是产生 3 种工作信号，包括：锯齿波发生器、触发同步电路和抹迹电路。供电电源向示波器各部分电路提供能源和一定的工作电压。

不同类型或型号示波器的控制面板构成是有区别的，因而在具体的操作使用上也略有差异，但主要功能与操作方法是相似的。下面以型号为 YB4320 的通用型双踪示波器为例，介绍示波器的基本使用方法。

1.3　YB4320 型双踪示波器

YB4320 型双踪示波器控制面板示意图如图 1.1 所示。

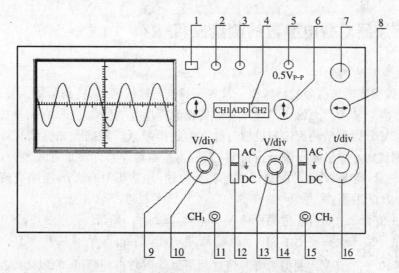

图 1.1　YB4320 型双踪示波器控制面板示意图

"1"—工作电源开关,配有指示灯。按下该开关,指示灯亮,经预热后,仪器即可使用。

"2"—灰度调节旋钮,调节显示屏中光迹的亮度。

"3"—聚焦旋钮,调节光迹的清晰度。

"4"—方式选择开关:按下"CH$_1$"或"CH$_2$",单独显示通道 1 或通道 2 输入的信号波形;按下"ADD",显示通道 1 和通道 2 输入信号叠加之后的波形。

"5"—机内校准方波信号,其电压峰峰值为 0.5 V,信号频率为 1 kHz。

"6"—垂直位移旋钮,用于调节光迹在显示屏垂直方向的位置。

"7"—通道 1 的时基扫描速度步进式选择旋钮(V/div)的微调旋钮。在读取信号波形的频率、周期或相位等参数时,要沿顺时针方向旋至最紧。

"8"—水平位移旋钮,用于调节光迹在显示屏水平方向的位置。

"9"—通道 1 的垂直输入灵敏度步进式选择旋钮(t/div)。可根据被测信号的电压幅值,选择合适的档位。

"10"—"垂直输入灵敏度步进式选择旋钮(t/div)"的微调旋钮,在读取信号波形的幅值等参数时,要沿顺时针方向旋至最紧。

"11"— 被测信号输入通道 1。

"12"—耦合方式切换开关,用于选择被测信号输入的耦合方式。

"13"—通道 2 的垂直输入灵敏度步进式选择旋钮(t/div)。可根据被测信号的电压幅值,选择合适的档位。

"14"—通道 2 的时基扫描速度步进式选择旋钮(V/div)的微调旋钮。在读取信号波形的频率、周期或相位等参数时,要沿顺时针方向旋至最紧。

"15"—被测信号输入通道 2。

"16"—垂直输入灵敏度步进式选择旋钮(t/div),可根据被测信号频率的高低选择合适的档位。

1.4　示波器对各电参数的测量应用

1) 交流电压的测量

一般测量交流电压信号的峰峰值。首先选择信号输入通道,将信号输入显示。测量时,将耦合方式切换至"AC";"V/div"与"t/div"旋钮选择适宜的档位。此时,时基扫描速度步进式选择旋钮(V/div)的微调旋钮应沿顺时针方向旋至最紧。根据荧光屏垂直方向上的坐标刻度,观察测试信号波形峰峰值所占格数(大格为基本单元),即波形在垂直方向所占格数,用字母"A"表示;确定"V/div"所选择的标称档位值,用字母"B"表示,被测交流电压信号的峰峰值为 A、B 的乘积。

例,当 A 值为 3.2 div,B 值为 0.1 V/div 时,$U_{P-P} = A \times B = 3.2 \text{ div} \times 0.1 \text{ V/div} = 0.32$ V;若信号引入探头使用了"10:1"的衰减功能,则 $U_{P-P} = A \times B \times 10 = 3.2 \text{ div} \times 0.1 \text{ V/div} \times 10 = 3.2$ V。测得了峰峰值之后可以除以 $\sqrt{2}$ 得到幅值,除以 $2\sqrt{2}$ 得到效值。

2) 周期或频率的测量

测量时,将耦合方式切换至"AC";"V/div"与"t/div"旋钮选择适宜的挡位。此时,垂直输入灵敏度步进式选择旋钮(t/div)的微调旋钮应沿顺时针方向旋至最紧。根据荧光屏水平方向上的坐标刻度,观察测试信号波形一个循环所占水平坐标刻度格数(大格为基本单元),用字母"C"表示;确定"t/div"所选择的标称档位值,用字母"D"表示,被测交流电压信号的周期 T 为 C、D 的乘积。例,当 C 值为 4 div,D 值为 2 μs/div 时,$T = C \times D = 4 \text{ div} \times 2 \text{ μs/div} = 8$ μs,频率 $f = \dfrac{1}{T}$。

2　DZX－2型综合实验装置

2.1　概述

　　DZX－2型电子学综合实验装置是根据"模拟电子技术"、"数字电子技术基础"实验教学大纲的要求而设计的开放型实验台。

　　本装置的控制屏是由两块(数电部分和模电部分)功能板组成,两侧均装有交流220 V的单相三芯电源插座。

　　实验功能板上共同包含的部分如下:

　　(1) 两块实验板上均装有一只电源总开关(开/关)及一只熔断器(0.5 A或1 A)作短路保护用。

　　(2) 两块实验板上共装有1 300多个高可靠性的、锁紧式、防转、叠插式插座,它们与集成电路插座、镀银针管以及其他固定器件、线路的连接已设计在印刷线路板上。板正面印有白线条及白色符号表示的器件,表示反面(即印刷线路板面)已经装上器件并接通。这类插件其插头与插座之间的导电接触面很大,接触电阻极其微小(接触电阻<0.003 Ω),使用寿命>10 000次以上。在插头插入时略加旋转后,即可获得极大的轴向锁紧力,拔出时,只要沿反方向略加旋转即可轻松地拔出,无需任何工具便可快捷插拔;而且插头与插头之间可以叠插,从而可形成一个立体布线空间,使用起来极为方便。

　　(3) 共装有500多根镀银长(15 mm)紫铜针管插座,供实验时接插小型电位器、电阻、电容、三极管及其他电子器件用(它们与相应的锁紧插座已在印刷线路板面连通)。

　　(4) 两块实验板上各装有4路直流稳压电源(±5 V,1 A)及两路0～18 V、0.75 A可调的直流稳压电源。开启直流电源处各分开关,±5 V输出指示灯亮,表示±5 V的插孔处有电压输出;而0～18 V两组电源,若输出正常,其相应指示灯的亮度则随输出电压的升高而由暗变亮。这4路输出均具有短路软截止自动恢复保护功能。两路0～18 V直流稳压电源为连续可调的电源,若将两路0～18 V电源串联,并令公共点接地,可获得0～±18 V的可调电源;若串联后令一端接地,可获得0～36 V可调的电源。用户可用控制屏上的数字直流电压表测试稳压电源的输出并其调节性能。左边的数电实验板上标有"＋5 V"处,是指实验时须用导线将直流电源＋5 V引入该处,即＋5 V电源的输入插口。

2.2　模电实验功能板

　　模电实验板部分所包含的具体器件有:

　　(1) 高性能双列直插式圆脚集成电路插座8只(其中40P 1只,16P 1只,14P 3只,8P 3只)。

(2) 实验板反面已安装上与正面相对应的电子元器件有：三端集成稳压块(7805、7905、7812、7912、317 各 1 只)；晶体三极管(9012 、9013 各 2 只，3DG6 3 只，3DG12 2 只，3CG12、8050 各 1 只)；可控硅(SCR、BCR 各 2 只)；单结晶体管(BT33、BT35 各 1 只)；二极管(IN4007 6 只，触发二极管 1 只)；稳压管(2CW54 1 只)；整流桥堆(1 个)；功率电阻(10 Ω、120 Ω、240 Ω 各 1 只)；电容(1000 μF/35 V、100 μF/35 V 各 2 只，470 μF/35 V、220 μF/35 V 各 1 只)。

(3) 装有 3 只多圈可调精密电位器(470 Ω、1 kΩ、10 kΩ 各 1 只)；2 只碳膜电位器(100 kΩ、1 MΩ 各 1 只)。此外还有继电器、扬声器(0.25 W，8 Ω)、12 V 信号灯、脉冲变压器、输出变压器、振荡线圈、3×3 拨动开关及按钮开关等。

(4) 直流毫安表 1 只，满刻度为 1 mA，内阻为 100 Ω。该表仅供"多用表的设计、改装"实验用。

(5) 直流数字电压表 1 只。由 3 位半 A/D 变换器 LIC107 和 4 个共阳极 LED 红色数码管等组成，量程分"2 V、20 V、200 V"3 档，用琴键开关切换量程。被测电压信号应并接在"+"和"−"两个插口处。使用时要注意选择合适的量程。本仪器有超量程指示，当输入信号超量程时，显示器的首位将显示"1"，后三位不亮；若显示为负值，表明输入信号极性接反，改换接线或不改接线均可。按下"关"键，即关闭仪表电源，使之停止工作。

(6) 直流数字毫安表：其结构特点类同于直流数字电压表，只是测量的电参数是电流。测量时应将仪表的"+"、"−"两个输入端串接在被测电路中。量程分"2 mA、20 mA、200 mA"三档，使用时要注意选择合适的量程。本仪器有超量程指示，当输入信号超量程时，显示器的首位将显示"1"，后三位不亮；若显示为负值，表明输入信号极性接反，应改换接线。按下"关"键，即关闭仪表电源，使之停止工作。

(7) 直流信号源：提供两路−5～+5 V 可调直流信号。只要开启直流信号源处分控开关(置于"开")，就有两路相应的−5～+5 V 直流可调信号输出(因本直流信号源的电源是由该实验板上的"±5 V"直流稳压电源提供的，所以在开启直流信号源处开关前，必须先开启"±5 V"直流稳压电源处的开关，否则不工作)。

(8) 函数信号发生器：本信号发生器是由单片集成函数信号发生器 ICL8038 及外围电路组合而成。其输出频率范围为 15～90 kHz，输出幅度峰峰值为 0～15U_{P-P}。有分控开关，并装有熔断器(0.5A)作短路保护用。使用时只要开启分控开关，即进入工作状态。它的两个电位器旋钮分别用于输出信号的幅度调节(左)和频率调节(右)。实验板上两个短路帽用于波形选择(上)和频率选择(下)。将波形选择(上)的短路帽放在 1、2 两脚处，输出信号为正弦波；将其置于 3、4 两脚处，则输出信号为三角波；将其置于 4、5 两脚处，则输出信号为方波。将频率选择(下)的短路帽放在 1、2 两脚处，调节右边的频率调节电位器旋钮，则输出信号的频率范围为 15～500 Hz；将其置于 2、3 两脚，调节"频率调节"旋钮，则输出信号的频率范围为 300～7 kHz；将其置于 4、5 两脚处则输出信号的频率范围 5～90 kHz。

(9) 频率计：本频率计是由单片机 89C2051 和 6 位共阴极 LED 数码管组合而成，分辨率为 1 Hz，测频范围为 1～300 kHz。只要开启"函数信号发生器"处分控开关，频率计即进入待测状态。将频率计处分控开关(内测/外测)置于内测，测量的是函数信号发生器本身的输出信号频率；将开关置于外测，则频率计测量的是由输入插口输入的被测信号的频率。在使用过程中，若遇瞬时强干扰，频率计可能出现死锁现象，此时只要按一下复位键 RES，即可自动恢复正常工作(函数信号发生器与频率计两者可组合成一独立的信号发生仪器。)。

（10）工频交流电源：可直接提供频率为 50 Hz，电压有效值分别为"6 V、8 V、10 V、14 V、16 V"以及两路"7 V"、两路"17 V"的低压交流电，作为实验所需的低压交流电源供给。只要开启电源总开关，就可输出相应的电压值。

（11）两块实验板四周各设置了几处互相连接的地线插孔（数电板 3 处，模电板 4 处）。此外，数电实验板上还设置了两处与"＋5 V"直流稳压电源相连（在印刷线 路板面）的电源输出插口。

（12）本实验装置配有长短不一的实验专用连接导线一套（共 100 根）。

2.3　数电实验功能板

数电实验板部分所包含的具体器件有：

（1）高性能双列插式圆脚集成电路插座 24 只（其中 40P 3 只，28P 1 只，24P 1 只，20P 1 只，18P 1 只，16P 9 只，14P 7 只，8P 1 只）。

（2）6 位十六进制七段译码器与 LED 数码显示器。每一位译码器均采用可编程器件 PAL 设计而成，具有十六进制全译码功能。显示器采用 LED 共阴极绿色数码管（与译码器在反面已连接好），可显示 4 位 BCD 码十六进制的全译码代号：0、1、2、3、4、5、6、7、8、9、A、B、C、D、E、F。使用时，只要用锁紧线将＋5V 电源接入电源插孔"＋5V"处即可工作，在没有 BCD 码输入时六位译码器均显示"F"。

（3）4 位 BCD 码十进制拨码开关组。每一位的显示窗指示出 0～9 中的一个十进制数字，在 A、B、C、D 四个输出插口处输出相对应的 BCD 码。每按动一次"＋"或"－"键，将顺序地进行加 1 计数或减 1 计数。若将某位拨码开关的输出口 A、B、C、D 连接在一位译码显示输入端口 A、B、C、D 处，当接通＋5V 电源时，数码管将显示出与拨码开关指示一致的数字。

（4）十六位逻辑电平输入。在接通＋5V 电源后，当输入口接高电平时，所对应的 LED 发光二极管点亮；输入口接低电平时，其熄灭。

（5）十六位开关电平输出。提供 16 只小型单刀双掷开关及与之对应的开关电平输出插口，并有 LED 发光二极管予以显示。当开关向上拨（即拨向高）时，与之相对应的输出插口输出高电平，且其对应的 LED 发光二极管点亮；当开关向下拨（即拨向低）时，相对应的输出插口输出为低电平，则其所对应的 LED 发光二极管熄灭。使用时，只要开启＋5V 稳压电源处的分开关，便能正常工作。

（6）脉冲电源。提供两路正、负单次脉冲源；频率 1 Hz、1 kHz、20 kHz 附近连续可调的脉冲信号源；频率 0.5 Hz～200 kHz 连续可调的计数脉冲。使用时，只要开启＋5V 直流稳压电源开关，各个输出插口即可输出相应的脉冲信号。

（7）五功能逻辑笔。这是一支新型的逻辑笔，是用可编程逻辑器件 GAL 设计而成，具有显示五种逻辑功能的特点。只要开启＋5V 电源开关，用锁紧线从信号输入口接出，则锁紧线的另一端可视为逻辑笔的笔尖。当笔尖点在某个测试点时，面板上的四个指示灯即显示出该点的逻辑状态：高电平（高）、低电平（低）、中间电平（中）或高阻态（高阻）；若该点有脉冲输出，则四个指示灯将同时点亮，故有五功能逻辑笔之称，亦称为智能型逻辑笔。

（8）该实验板上还设有报警指示两路（LED 发光二极管指示与声响电路指示各 1 路），

按钮 2 只,1 只 10 kΩ 多圈精密电位器,2 只碳膜电位器(100 kΩ 与 1 MΩ 各 1 只),4 只晶振 (32 768 Hz、4 MHz、6 MHz 及 12 MHz 各 1 只),电容 5 只(220 μF 1 只,0.1 μF 与 30 pF 各 2 只)及音乐片、扬声器、八位拨码开关等。

2.4　使用注意事项

(1) 使用前应先检查各电源是否正常。

(2) 接线前务必熟悉实验大块板上各单元、元器件的功能及其接线位置,特别要熟知各集成块插脚引线的排列方式及接线位置。

(3) 实验接线前必须先断开总电源,严禁带电接线。

(4) 接线完毕、检查无误后,再插入相应的集成电路芯片后方可通电。只有在断电后方可拔下集成芯片,严禁带电插集成芯片。

(5) 实验始终,板上要保持整洁,不可随意放置杂物,特别是导电的工具和导线等,以免发生短路等故障。

(6) 本实验装置上的直流电源及各信号源设计时仅供实验使用,一般不外接其他负载或电路。如作他用,则要注意使用的负载不能超出本电源或信号源的范围。

(7) 实验完毕,及时关闭电源开关,并及时清理实验板面,整理好连接导线并放置至规定的位置。

(8) 实验时需用到外部交流供电的仪器时,如示波器等,这些仪器的外壳应妥善接地。

3　Mutisim 软件应用

3.1　概述

随着电子技术和计算机技术的迅猛发展，以电子电路计算机辅助设计（Computer Aided Design，CAD）为基础的电子设计自动化（Electronic Desingn Automation，EDA）技术已成为当今电子学领域中的重要学科。Electronics Workbench EDA（EWB，即 Multisim）就是基于 PC 平台的电子设计软件，它通常被称为"电子工作平台"，是加拿大 Interactive Image Technologies 公司于 20 世纪 80 年代末、90 年代初推出的电路分析和设计软件，是一种利用在计算机上运行电路仿真软件来进行模拟硬件实验的工作平台。由于仿真软件可以形象逼真的模拟许多电子元器件和仪器仪表，因此并不需要任何真实的元器件就可以进行电路、数字电路和模拟电路课程中的大多数实验，具有成本低、效率高、易学易用等优点，可以作为传统实验教学的有益补充。

Multisim 以著名的 Spice 为基础，由三部分组成：电路图编辑器（Schematic）、Spice3F5 仿真器（Simulator）和波形产生与分析器（Wave Generator & Analyzer）。它具有这样一些特点：

（1）采用直观的图形界面创建电路。在计算机屏幕上模仿真实实验室的工作台。绘制电路图需要的元器件、电路仿真需要的测试仪器均可直接从屏幕上选取。提供了简洁的操作界面，绝大部分操作通过鼠标的拖放即可完成，连接导线的走向及其排列由系统自动完成。

（2）提供了种类丰富的元器件库，共计 4 000 多种；元件模型超过 10 000 个。大多数元件模型参数可设置为理想值。此外，元件库属于开放型结构，用户可根据需要进行新建或扩建工作。

（3）所提供的测试仪器仪表，其外观、面板布局以及操作方法与实际的该类仪器非常接近，便于操作。

（4）提供了强大的电路分析功能，包括交流分析、瞬态分析、温度扫描分析、传递函数分析以及蒙特卡洛分析等共计 14 种。此外，可在电路中人为设置故障，如开路、短路以及不同程度的漏电，并可观察到对应电路状况。

（5）作为设计工具，它可以同其他流行的电路分析、设计和制板软件交换数据。例如可将在 Multisim 中设计好的电路图送到 Protel、ORCAD、PADS 等 PCB 绘图软件中绘制 PCB 图。

本教材选用的 Multisim 仿真软件版本为 Multisim 9。

3.2　基本界面

Multisim 9 软件与其他运行于 Windows 环境下的系统软件类似，它提供的主操作窗口如图 3.1 所示，主要由菜单栏、工具栏、元件库栏、电路工作区、状态栏、启动/停止开关、暂停/恢复开关等部分组成。菜单栏用于选择电路连接、实验所需的各种命令；工具栏包含了常用的操作命令按钮；元件库栏包含了电路实验所需的各种元器件和测试仪器；电路工作区用于电路的连接、测试和分析；启动/停止开关用来运行或关闭运行的模拟实验。

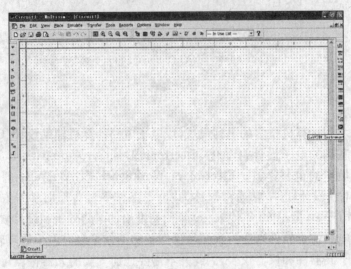

图 3.1　Multisim 9 基本界面

1) 菜单栏

Multisim 9 软件菜单栏中包含有 11 个主菜单，提供了本软件几乎所有的功能命令，如图 3.2 所示，从左到右分别为 File（文件菜单）、Edit（编辑菜单）、View（窗口显示菜单）、Place（放置菜单）、Simulate（仿真菜单）、Transfer（文件输出菜单）、Tools（工具菜单）、Reropts（报告菜单）、Options（选项菜单）、Window（窗口菜单）、Help（帮助菜单）。在每个主菜单下都有一个下拉菜单，用户可从中找到电路文件的存取、Spice 文件的输入和输出、电路图的编辑、电路的仿真与分析以及在线帮助等各项功能命令。

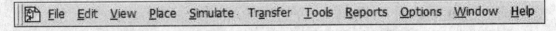

图 3.2　菜单栏

2) 系统工具栏

系统工具栏如图 3.3 所示，它包含了常用的基本功能按钮，与 Windows 的基本功能相同。

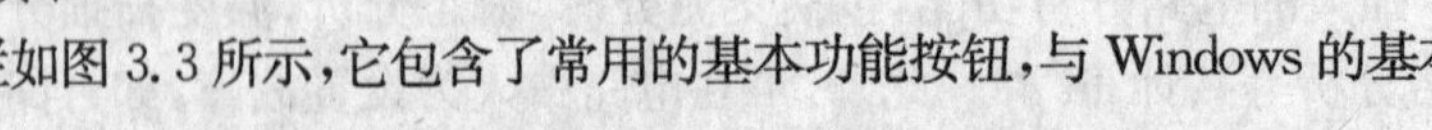

图 3.3　菜单栏

3) 元件工具栏

元件工具栏如图 3.4 所示。Multisim 9 将所有的元件模型分门别类地放到 10 个元件分类库中，每个元件库放置同一类型的元件。

图 3.4　元件工具栏

4) 仪表工具栏

仪表工具栏如图 3.5 所示,该工具栏含有 12 种用来对电路工作状态进行测试的仪器仪表。

图 3.5 仪表工具栏

3.3 基本操作

1) 编辑原理图

编辑原理图包括建设电路文件、设计电路界面、放置元件、连接线路、编辑处理及保存文件等步骤。

(1) 建立电路文件

启动 Multisim 9 系统,在 Multisim 9 基本界面上会自动打开一个空白的电路文件;在 Multisim 9 正常运行时,点击系统工具栏中的新建(New)按钮,同样将出现一个空白的电路文件,系统自动将其命名为 Circuit1,可在保存文件时重新命名。

(2) 设置电路界面

在进行具体的原理图编辑前,可通过菜单 View 中的各个命令和 Options/Preferences 对话框中的若干选项来实现电路界面设置功能,如图 3.6 所示。

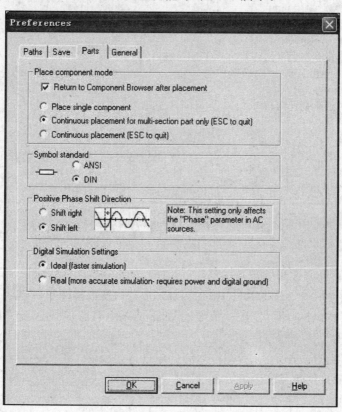

图 3.6 Preferences 对话框

（3）放置元件

编辑电路原理图所需电路元器件一般可通过元件工具栏中的元件库直接选择拖放。例如要放置一个确定阻值的固定电阻，先点击元件工具栏中的 Place Basic 图标，即出现一个 Select a Component 对话框，如图 3.7 所示。进而点击 Family：RESISTOR，即可进一步选择点击具体阻值和偏差，最后点击 OK 按钮，选定的电阻即紧随鼠标指针，在电路窗口内可被任意拖动，确定好合适位置后，点击鼠标即可将其放置在当前位置。同理可放置其他的电路元件和电源、信号源、虚拟仪器仪表等。

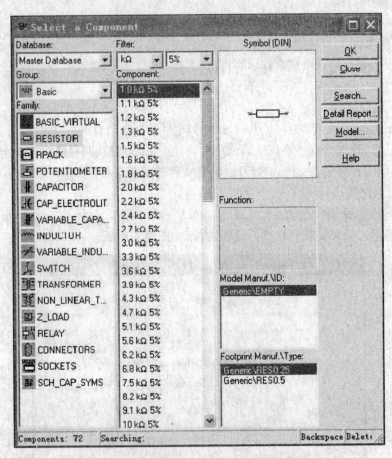

图 3.7　Select a Component 对话框

（4）连接线路

将所有的元器件放置完毕后，需要对其进行线路连接，操作步骤如下：

① 将鼠标指向所要连接的元件引脚上，鼠标指针会变成黑圆点状；

② 点击并移动鼠标，即可拉出一条虚线，如需从某点转弯，则先点击，固定该点，然后移动鼠标；

③ 到达终点后点击，即可完成两点之间的电气连接线。

（5）对电路原理图进一步编辑处理

① 修改元件的参考序号，只需双击该元件符号，在弹出的属性对话框中就可修改其参考序号；

② 调整元件和文字标注的位置；

可对某些元件的放置位置进行调整，具体方法是：单击选中该元件，拖动鼠标到新的合适的放置位置，然后点击即可；

③ 显示电路节点号；

④ 修改元件或连线的颜色；

⑤ 删除元件或连线；

⑥ 命名和保存文件。

2）电路分析和仿真

根据对电路性能的测试要求，从仪器库中选取满足要求的测试仪器，拖至电路工作区的合适位置，并与设计电路进行正确的线路连接，然后单击"Run/Stop Simulation"按钮，即可实现对电路的仿真调试。

3）分析和扫描功能

（1）六种基本分析功能

Multisim 9 系统具有六种基本分析功能，可以测量电路的响应，以便了解电路的基本工作状态，这些分析结果与设计者用示波器、万用表等仪器对实际连线构成的电路所测试的结果相同。但在进行电路参数的选择时，用该分析功能则要比使用实际电路方便得多。例如：可以双击鼠标左键就可选用不同型号的集成运放或其他电路参数，来测试它们对电路的影响，而对于一个实物电路而言，要做到这一点则需花费大量的时间去替换电路中的元器件。

六种基本分析包括：直流工作点分析、交流频率分析、瞬态分析、傅里叶变换、噪声分析、失真分析。各个分析功能简介如下：

① 直流工作点分析

计算直流工作点并报告每个节点的电压。在进行直流工作点分析时，电路中的数字器件对地呈高阻态。

② 交流频率分析

在给定的频率范围内，计算电路中任意节点的小信号增益和相位随频率变化的关系。可用线性或对数坐标，并以一定的分辨率完成上述频率扫描分析。在对小信号模拟电路进行此项分析时，电路中的数字器件对地呈高阻态。

③ 瞬态分析

在给定的起始和终止时间内，计算电路中任意节点上电压随时间的变化关系。

④ 傅里叶变换

在给定的频率范围内，对电路的瞬态响应进行傅里叶分析，计算出该瞬态响应的直流分量、基波分量以及各次谐波分量的幅值与相位。

⑤ 噪声分析

对指定的电路输出节点，输入噪声源以及扫描频率范围，计算所有电阻与半导体期间所产生的噪声均方根值。

⑥ 失真分析

对给定的任意节点以及扫频范围、扫频类型（线性或对数）与分辨率，计算总的小信号稳态谐波失真以及互调失真。

（2）两种高级分析功能

两种高级分析功能为零—极点分析和传递函数分析两种。

① 零—极点分析

对给定的输入、输出节点,以及分析类型(增益或阻抗的传递函数,输入或输出阻抗),计算交流小信号传递函数的零—极点,从而可获得有关电路稳定性的信息。

② 传递函数分析

对给定的输入源和输出节点,计算电路的直流小信号传递函数以及输入、输出阻抗和直流增益。

(3) 两种统计分析

两种统计分析为最差情况分析和蒙特卡洛分析。是利用统计方法,分析元件值不可避免的分散性对电路的影响,从而使所设计电路成为最终产品,为有关电路的生产制造提供信息。

① 最差情况分析

当电路中所有元件的参数在其容差范围内改变时,计算所导致的交直流特性和瞬态响应变化的最大方差。所谓的"最差情况"是指元件参数的容差设置为最大值、最小值或最大上升值或最大下降值。

② 蒙特卡洛分析

在给定的容差范围内,计算当元件参数随机变化时,对电路的交直流特性和瞬态响应的影响,可以对元件参数的容差的随机分布函数进行选择,使分析结果更符合实际情况。通过该分析可以预见由于制造过程中元件的误差而导致所设计电路不合格的概率大小。

(4) 四种扫描功能

Multisim 9 系统中四种扫描分析功能是在各种条件和参数变化时观察电路的变化,从而评价电路的性能。它包括:参数扫描分析、温度扫描分析、交流灵敏度分析、直流灵敏度分析。

① 参数扫描分析

对给定的元件及其要变化的参数和扫描范围、类型与分辨率,计算电路的交、直流特性或瞬态响应,可从中观察出各个参数对这些性能的影响程度。

② 温度扫描分析

对给定的温度变化范围、扫描类型与分辨率,计算电路的交、直流特性或瞬态响应,可从中观察出温度对这些性能的影响程度。

③ 交流灵敏度分析

用于对指定元件的某个特定参数,计算由于该参数的变化而引起的交流电压与电流的变化灵敏度。

④ 直流灵敏度分析

用于对指定元件的某个特定参数,计算由于该参数的变化而引起的直流电压与电流的变化灵敏度。

4 部分集成电路引脚排列

1) 74LS 系列

74LS00 四二输入与非门

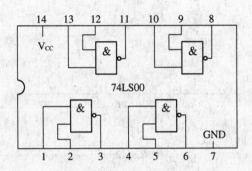

74LS20 双四输入与非门

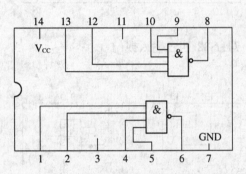

74LS08 四二输入与门

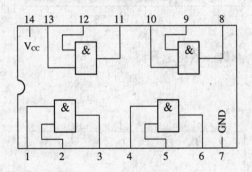

74LS03 四二输入集电极开路与非门

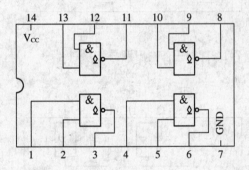

74LS86 四二输入异或门

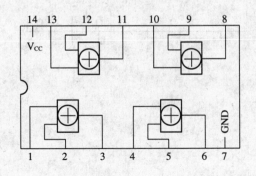

非同步十进进制计数器

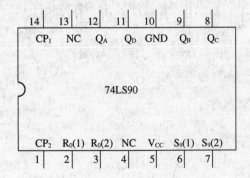

74LS04 六反相器

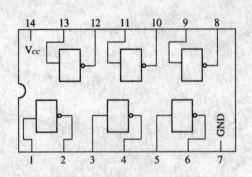

双 D 触发器

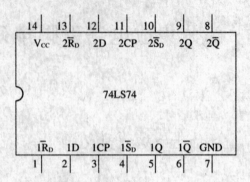

74LS32 四二输入或门

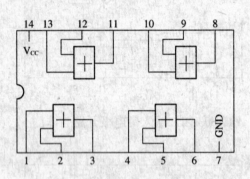

JK 触发器

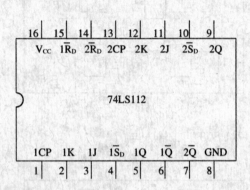

74LS125 三态输出四总线缓冲器

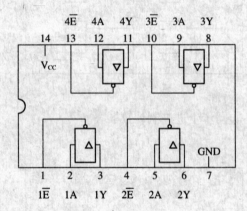

八选一数据选择器

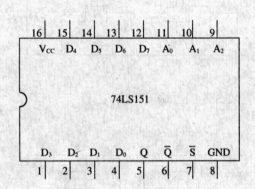

双四选一数据选择器

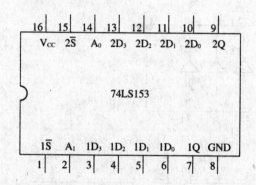

3 线—8 线译码器

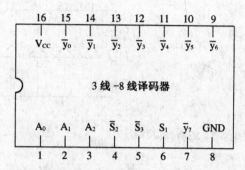

74LS193

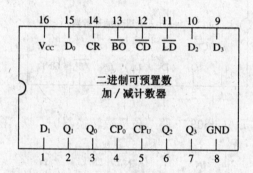

四位双向移位寄存器

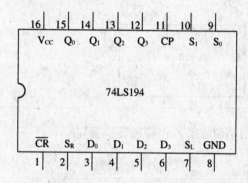

74LS192

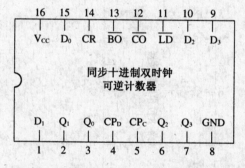

555 定时器

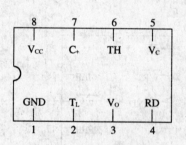

74LS54 四路 2 - 3 - 3 - 2 输入与或非门

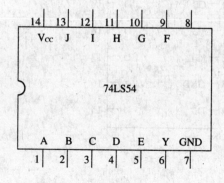

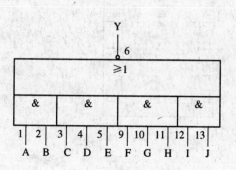

MC1413(ULN2003)七路 NPN 达林顿列库

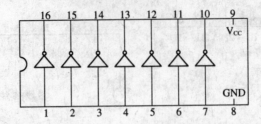

uA741 运算放大器

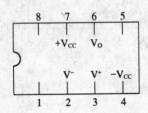

74LS196

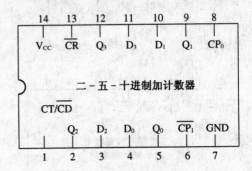

二 - 五 - 十进制加计数器

DAC0832 八位模数转换器

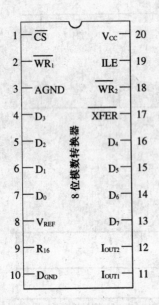

DAC0809 八路八位模数转换器

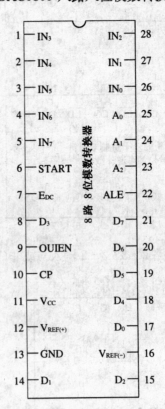

74LS183

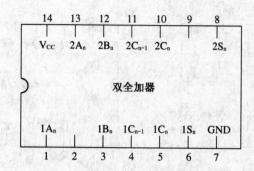

2) CC4000 系列

CC4001 四二输入或非门

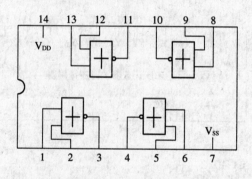

CC4071 四二输入或门

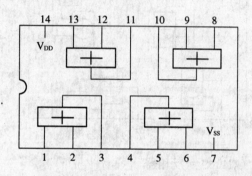

CC4011 四二输入与非门

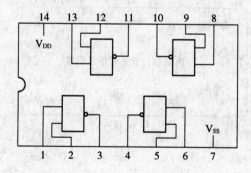

CC4082 四二输入与门

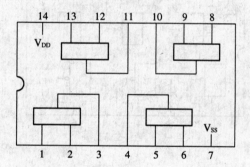

CC4012 双四输入与非门

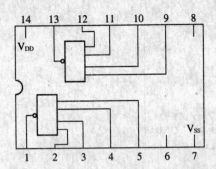

CC4013

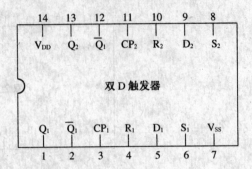

双 D 触发器

CC4030 四异或门

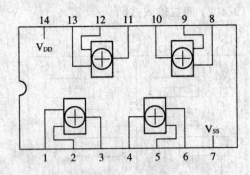

CC4017

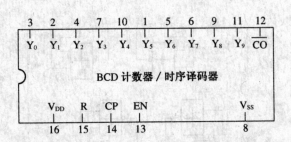

BCD 计数器 / 时序译码器

CC4069 六反相器

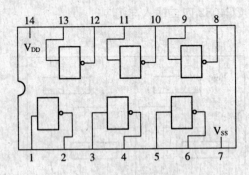

CC4022

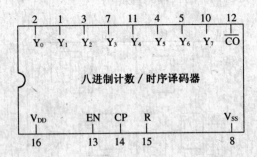

八进制计数 / 时序译码器

CC4024

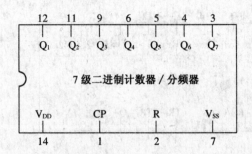

双时钟 BCD 可预置加/减计数器

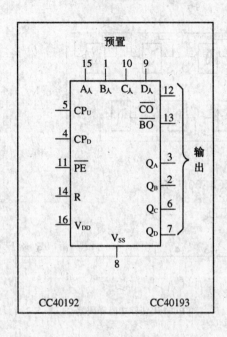

CC40192　　　　　　CC40193

CC4020

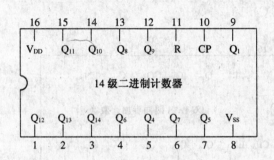

CC4027

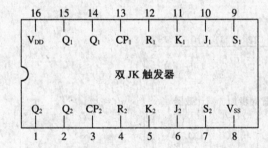

MC14433

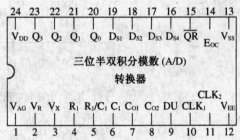

CC4028

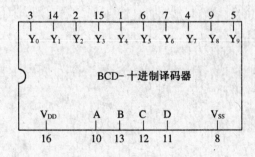

CC4093 施密特触发器

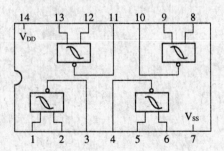

CC40106 6 施密特触发器　　　　　　　CC14528(CC4098)

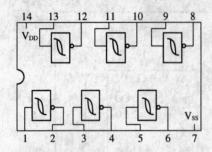

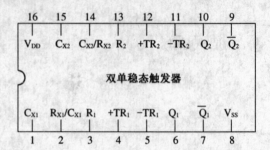

3) CC4500 系列

CC4511　　　　　　　　　　　　　　CC4518

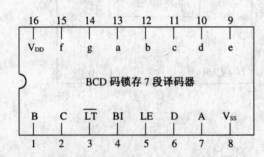

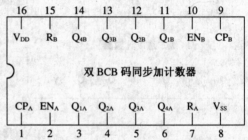

CC4510

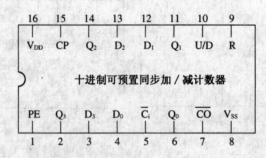

CC4514

CC4516　　　　　　　　CC4553

CC4512　　　　　　　　CC40160

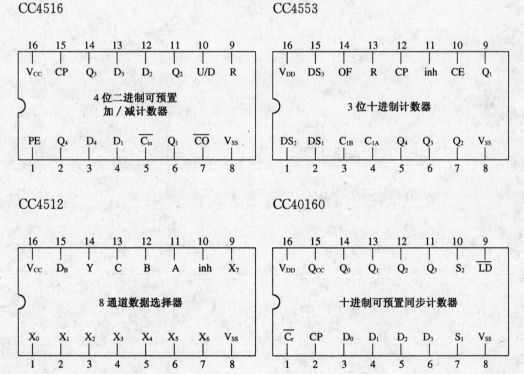

参 考 文 献

1　王天曦,李鸿儒.电子技术工艺基础.北京:清华大学出版社,2000
2　陈大钦.电子技术基础实验(第二版).北京:高等教育出版社,2000
3　姚金生,郑小利.元器件.北京:电子工业出版社,2004
4　刘南平.现代电子设计与制作技术.北京:电子工业出版社,2003
5　汤琳宝,何平等编著.电子技术实验教程.北京:清华大学出版社,2008